寿光菜农科学种菜丛书

寿光菜农日光温室苦瓜高效栽培

编著者

胡永军　赵明会　刘银炜

金盾出版社

内 容 提 要

本书由山东省寿光市农业局胡永军高级农艺师等编著。内容包括日光温室的设计与建造，苦瓜新优品种选择，日光温室苦瓜育苗技术、多茬次栽培技术、土壤障碍控防技术、肥水运筹技术、栽培管理经验与新技术、病虫害防治技术等8章。该书贴近蔬菜生产实际，突出科学性、实用性和可操作性，内容新颖，文字通俗易懂，适合广大农民、蔬菜专业户、蔬菜基地生产者和基层农业技术人员阅读，亦可供农业院校相关专业师生阅读参考。

图书在版编目(CIP)数据

寿光菜农日光温室苦瓜高效栽培/胡永军，赵明会，刘银炜编著. -- 北京 : 金盾出版社，2010.12
(寿光菜农科学种菜丛书)
ISBN 978-7-5082-6674-9

Ⅰ.①寿… Ⅱ.①胡…②赵…③刘… Ⅲ.①苦瓜—温室栽培 Ⅳ.①S626.5

中国版本图书馆 CIP 数据核字(2010)第 192486 号

金盾出版社出版、总发行
北京太平路5号(地铁万寿路站往南)
邮政编码:100036 电话:68214039 83219215
传真:68276683 网址:www.jdcbs.cn
封面印刷:北京蓝迪彩色印务有限公司
彩页正文印刷:北京金盾印刷厂
装订:永胜装订厂
各地新华书店经销

开本:850×1168 1/32 印张:7.25 彩页:0.25 字数:159千字
2010年12月第1版第1次印刷
印数:1～10 000册 定价:12.00元

前　言

山东省寿光市农民种菜虽然有着较悠久的传统，但真正以种植蔬菜闻名全国则是在 20 世纪 80 年代中期。20 世纪 80 年代初，寿光市三元朱村农民在党支部书记、全国优秀共产党员、2009 年被评为“感动中国人物”之一的王乐义同志的带领下，率先试验成功了冬暖式大棚（日光温室）蔬菜生产，从而推动了一场遍及全省乃至全国的“绿色革命”。继而寿光市成为中国最大的蔬菜生产基地，光荣地被国家命名为惟一的“中国蔬菜之乡”。全市蔬菜常年种植面积达到 5.33 万公顷（80 万亩），总产量达到 40 亿千克，其中日光温室蔬菜面积达到 2.67 万公顷（40 万亩）。寿光市种植蔬菜收入超过当地农业收入的 70%。

寿光市蔬菜生产发展的经验可以总结出许多条，但最根本的经验是依靠科学技术种菜。寿光菜农重视学习蔬菜种植技术，重视总结经验，不断探索和提高蔬菜种植技术水平，因而能不断提高种植效益。特别是近几年，涌现出了不少新典型，摸索和创造出不少新的技术。在寿光市蔬菜生产发展的新形势下，金盾出版社邀请我们围绕“科学种菜”这个主旨，编写一套寿光农民深入开展科学种菜的丛书。为此，我们在市有关部门的支持下，组织市农业局部分农技人员和乡镇一线农业技术人员深入田间地头和农户家中，了解、收集和总结近年来菜农在蔬菜生产中遇到的疑难问题、新的栽培技术和经验以及新的栽培模式，编写了寿光菜农科学种菜丛书。丛书分为《寿光菜农日光温室番茄高效栽培》、《寿光菜农日光温室茄子高效栽培》、《寿光菜农日光温室辣椒高效栽培》、《寿光菜农日光温室黄瓜高效栽培》、《寿光菜农日光温室苦瓜高效栽培》、《寿光菜农日光温室丝瓜高效栽培》、《寿光菜农日光温室冬瓜高效栽培》、《寿光菜农日光温室西葫芦高效栽培》、《寿光菜农日光温室西瓜高效栽培》、《寿光菜农日光温室菜豆高效栽培》10个分册。丛书力求反映寿光菜农最新种菜技术和经验，力求贴近生产，深入浅出，重视实用性和可操作性；在语言表述上力求简明扼要，通俗易懂。

最后，需要特别说明的是，我们不揣冒昧，在丛书中向广大读者介绍了寿光菜农独创的一些"拿手技术"，虽然这些技术与传统专业书中介绍的有不同之处，但是有它合理和实用的一面，对农民朋友种植蔬菜或许将起到交流、启发和借鉴作用。同时，我们期待将这些体会和做法在生产实践中不断验证、提炼和完善，不断上升到科学的高度。

由于编者水平所限，书中疏漏、不妥之处甚至错误之处在所难免，敬请专家和广大读者批评指正。

丛书编委会

2010年9月

目 录

第一章 日光温室的设计与建造

一、日光温室的设计与建造原则

(一)建造日光温室要因地制宜

寿光的日光温室是根据寿光地理气候的自然条件建立并根据实际情况不断改进完善的一种模式。有些地区不分地域模仿寿光的模式建造日光温室，是造成日光温室采光性、保温性与实种面积不协调，使蔬菜生产陷入困境的重要原因。

各地建造日光温室时，要根据当地经纬度和气候条件，对日光温室的高度、跨度以及墙体厚度等做好调整，以适应当地条件。如东北地区建造的日光温室如果与山东省寿光市一样，那么日光温室内的采光性和保温性将大为不足；而南方地区的日光温室建造如果与寿光一样，则日光温室的实种面积将受到限制。因此，建造日光温室要根据寿光的经验做到因地制宜。

1. 正确调整日光温室棚面形状和日光温室宽与高的比例 日光温室棚面形状及日光温室棚面角是影响日光温室日进光量和升温效果的主要因素，在进行日光温室建造时，必须从当地实际条件出发，合理选择设计方案。在各种日光温室棚面形状中，以圆弧形采光效果最为理想。

日光温室棚面角指日光温室透光面与地平面之间的夹角。当太阳光透过棚膜进入日光温室时，一部分光能转化为热能被棚架和棚膜吸收(约占 10%)，部分被棚膜反射掉，其余部分则透过棚膜进入日光温室。棚膜的反射率越小，透过棚膜进入日光温室的太阳光就越多，升温效果也就越好。最理想的效果是：太阳垂直照射到日光温室棚面，入射角是零，反射角也是零，透过的光照强度最大。简单地说，要使采光、升温与种植面积较好地结合起来，日光温室宽和高的比例就要合适。不同市合适的日光温室高与宽的比例是不同的。经过试验和测算，日光温室宽与高的比值可以用下面的公式来计算：

日光温室宽：高＝ctg理想日光温室棚面角

理想日光温室棚面角＝56°－冬至正午时的太阳高度角

冬至正午时的太阳高度角＝90°－(当地地理纬度－冬至时的赤纬度)

例如，山东省寿光市在北纬36°～37°，冬至时的赤纬度约为23.5°(从数学角度看，北半球冬至时的赤纬度应视作负值)，所以寿光市合理的日光温室宽与高比按以上公式计算为2～2.1：1。河北中南部、山西、陕西北部、宁夏南部等地纬度与寿光市相差不大，日光温室宽：高基本在2～2.1：1左右。江苏北部、安徽北部、河南、陕西南部等地，纬度较低，多在北纬34°～36°，冬至时的太阳高度角大，理想日光温室棚面角就小，日光温室宽：高也就大一些，为2.2～2.4：1。而在北京、辽宁、内蒙古等省(直辖市、自治区)，纬度较高，在北纬40°地区，日光温室宽：高也就小一些，为1.8～1.9：1。建造日光温室要根据当地的纬度灵活调整。

2. 确定合适的墙体厚度 墙体厚度的确定主要取决于当地的最大冻土层厚度，以最大冻土层厚度加上0.5米即可。如山东省最大冻土层厚度为0.3～0.5米，墙体厚度0.8～1米即可。辽宁、北京、宁夏等地的最大冻土层厚度甚至达到1米，墙体厚度需适当加厚0.3～0.6米，应达1.3～2米。江苏北部、安徽北部、河南等地，最大冻土层厚度低于0.3米，墙体厚度在0.6～0.8米即可满足要求。如果墙体厚度薄了，保温性差；厚了，则浪费土地和建造日光温室的资金。

在寿光市大跨度半地下日光温室开发设计中，为增加保温贮热能力和便于建设施工。墙体一般基部为 3.5 米以上，顶部在 1.5 米左右，墙体内侧基本砌成与栽培床面垂直的墙面，外侧呈斜坡，由于建墙大量的用土来自于栽培床面，使床面挖深达 100 厘米左右。通过几年实践证明，由于墙体的加厚，贮热能力加大，墙体的增高，使温室前坡面采光角度增大，增温效果显著，并且通过下挖充分利用了地温，在冬季比非地下温室温度增高 3℃～5℃，蔬菜在外界－27℃的严寒地带照常生长良好。

3. 确定合适的日光温室间距 日光温室建造的方位应坐北面南，东西延长，这样日光温室内光照分布均匀。两个日光温室之间如距离过大，则浪费土地；过近，则影响日光温室光照和通风效果，并且固定日光温室棚膜等作业也不方便。

理论上，前、后两个温室之间的距离应为多少米？前面的温室才不会遮到后面的温室，是由前面温室的高度和当地冬至时太阳高度角所决定的。冬至时太阳高度角最小，同样的墙体对后面的地块遮荫最多，所以应以当地冬至时太阳高度角来计算。

以寿光市为例，冬至时太阳高度角为 29.5°，其余切值就是 1.762。它表示前排温室最高点的地面投影到后排温室最前端的距离与前排温室最高点的高度加草苫直径的和的比值为 1.762。所以两个温室之间不遮荫的最小距离＝（前排温室最高点的高度＋草苫的直径）×1.762－前排温室最高点的地面投影到北墙体外缘的距离。

举例说明，假如前排温室的最高点高度为 5 米，所用草苫直径是 1 米。前排温室最高点的地面投影到北墙体外缘的距离为 6 米。那么建温室时两温室间不遮荫的最小距离就是（5＋1）×1.762－6＝4.572 米。

在实际应用中，前排温室墙体后缘到后排温室前缘的合适距离为不遮荫最小距离加一个修正值 K，K 的具体大小可根据情况自定,K 值大,后排温室光照好,但土地利用率低;K 值小,土地利用率高,但后排温室光照相对较差。在山东、河北等省 K 值通常为 1.2～1.6 米,前排温室墙体后缘到后排温室前缘的合适距离为 5.8～6.2 米。

(二)设计和建造日光温室需要注意的问题

在设计日光温室时,必须依据地理纬度、气候条件、场地面积、地形等自然情况,处理好日光温室的总体尺寸关系,使总体尺寸关系处于适宜范围,才能使日光温室具有采光性强、保温性好、节能和经济实用的独特优点。高度、跨度、长度配合得当,则采光角度和前后坡水平宽度比例适当,采光增温和贮热保温性能都好,日光温室内范围也得当,既能减轻山墙遮阳成荫影响,也易于控制调节日光温室温度,又有利于作物生长发育和便于人们对作物栽培管理。

老式的"低档日光温室"棚体过矮,过窄,过小,不便于操作,再加上空气相对湿度大,菜农长期于日光温室内劳动作业,容易患"日光温室综合征"(主要症状是腰、腿痛和肩背不舒服)。20 世纪 80 年代的日光温室大都是高 3 米,跨度为 8 米,长为 50～60 米的泥坯墙体,这种日光温室低矮、空间小,二氧化碳变化大,夜间饱和,白天上午 11 时以后就会缺乏,导致昼夜温差过大,空气相对湿度大,冬季茄子生产容易发病。

但日光温室过长,也有缺点:一是日光温室过长、过宽,面积越大,温度升得慢,降得也慢,昼夜温差过小,营养消耗大,不利于苦瓜增产;二是日光温室过长,有的东西山墙相隔半里路,运输采摘苦瓜时极不方便。

建日光温室的标准不仅要了解地理纬度,还需要了解当地土层厚度等条件。如半地下日光温室只适于土层深厚、地势高燥、地下水位较深的地区,而对于土层薄、或地势低洼、或地下水位浅的低纬度地区（如安徽、江苏淮阴），则不适宜建造。

寿光市日光温室适宜跨度为9～12米，墙体厚度为1.5～4米，日光温室内走道（水沟）50～70厘米。不同纬度的地区后墙高度也不一样。可根据日光温室棚体特点采取改进措施：一是采用适宜的日光温室棚面角度。采光由日光温室棚面角度和透光率决定，日光温室棚面角度越大，透光率越高，升温越快；二是选用优质农膜；三是增前坡，缩后坡。如脊高3米的日光温室，跨度以8米为宜，其中前坡水平宽度以6米左右为宜；四是改变日光温室不适当的朝向；五是对于棚体过大过长的日光温室，可于其长度中间设一道内山墙，或用棚膜将其一分为二隔开，这样一来提温快，二来便于操作。

（三）日光温室选址应遵循的原则

日光温室选址要遵循以下原则。

①选地势开阔、平坦，或朝阳缓坡的地方建造日光温室，这样的地方采光好，地温高，浇水方便、均匀。②不应在风口上建造日光温室，以减少热量损失和风对日光温室的破坏。③不能在窝风处建造日光温室，窝风的地方应先打通通风道后再建日光温室，否则，由于通风不良，会导致作物病害严重；同时，冬季积雪过多，对日光温室也有破坏作用。④建造日光温室以沙质壤土为最好，这样的土质地温高，有利于作物根系的生长。如果土质过黏，应加入适量的河沙，并多施有机肥料加以改良。如土壤碱性过大，建造日光温室前必须施酸性肥料加以改良，才能建造日光温室。⑤低洼内涝的地块不能建造日光温室，必须先挖排水沟后再建日光温室；地下水位太高，容易返浆的地块，必须多垫土，加高地面后才能建造日光温室；否则，地温低，土壤水分过多，不利于作物根系生长。⑥建造日光温室的地点水源要充足，交通方便，有供电设备，以便于温室的管理和产品运输。

二、寿光日光温室的结构设计与建造

就骨架材料而言，目前寿光推广的日光温室分为标准型和普通型两种。标准型为单立柱钢筋骨架结构，前坡采用钢管钢筋拱架，无前立柱和中立柱，只有后立柱，后立柱多为钢管。普通型为多立柱钢木混合结构，内设6～7排水泥立柱，采用镀锌管作拱梁，竹竿作拱杆。就跨度而言，寿光日光温室有9.5米、10.2米、11.0米、11.4米、12.1米多种形式；就立柱而言，寿光日光温室分为单立柱结构、六立柱结构、七立柱结构等3种结构。目前，寿光市推广面积最大的日光温室棚型主要有六立柱114型日光温室、七立柱121型日光温室、单立柱110型日光温室3种。

(一)六立柱114型日光温室

1. 结构参数

①温室下挖1米，总宽15.4米，后墙外墙高3.4米，山墙顶外4.7米，墙下体厚4米，墙上体厚1.5米，走道加水渠宽0.6米，种植区宽10.8米。结构为土压墙体，钢筋竹竿混合式拱架。

②立柱6排，一排立柱(后墙立柱)长6.1米，地上高5.3米，至二排立柱距离1米。二排立柱长6.3米，地上高5.5米，至三排立柱距离2米。三排立柱长6.1米，地上高5.3米，至四排立柱距离2.6米。四排立柱长5.3米，地上高4.5米，至五排立柱距离2.8米。五排立柱长4米，地上高3.2米，至六排立柱距离3米。六排立柱(前立柱)长1.8米，地上高1米。

③采光屋面平均角度为23.1°左右，后屋面仰角45°。前立柱与第五排立柱之间、第五排立柱与第四排立柱之间和第四排立柱与第三排立柱之间的平均切线角度，分别为36.3°、24.9°和17.1°左右。

2. 剖面结构图　见图 1-1。

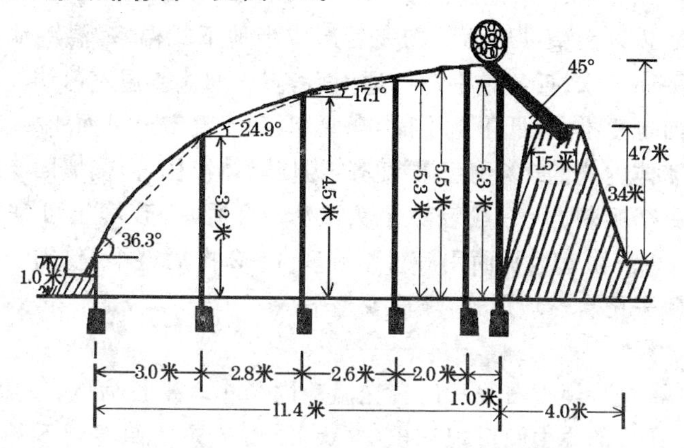

图 1-1　六立柱 114 型日光温室结构图示

3. 建　造

(1)建造墙体　采用推土机和挖掘机相配合的方法建造墙体。将 20 厘米深的熟化土层(阳土)推向棚址南侧,待墙体建完后,整平温室地面后阳土再回棚。建墙体的关键是土壤的湿度和墙体的上土厚度。如果打墙前土壤湿度较小,在动工前 5～7 天围埝 30～40 厘米,浇足水,以确保建墙质量。每层的上土厚度是保证墙体质量重要的保障措施,在土壤湿度合适的情况下,地平面以上墙体高度为 3.4 米,一般需要 8～10 层土,每层土都要反复碾压,压一层用挖掘机再放一层土。如此反复,一直把墙体碾压到要求高度。

把反复压实的墙体雏形用推土机将上口推平,后墙体外墙高度为 3.4 米。沿墙内侧先划好线,用挖掘机切去多余的土,随切随平整地面。墙体后坡形成自然坡。墙体建成后,墙基高 4 米,上口宽 1.5 米。东、西山墙也按相同方法砌好,两山墙顶部靠近后墙中心向南 2.4 米处再起高 1.3 米,建成山墙山顶。山顶向南 0.6 米、

2.6米、5.2米、8米处高度分别为4.5米、4.3米、3.5米、2.2米，使山墙顶以南呈拱形面。砌完后形成半地下式温室，温室地面低于地平面1米，反复整平温室地面后，阳土回棚。温室前约3米长的地面也要推平，低于地平面60厘米，高于温室地平面40厘米。

墙体内侧的多余墙土要切齐，为使墙体牢固，内侧墙面与地面要有一个倾斜角，一般轻壤土为80°较为适宜，砂壤土可掌握在75°～80°。温室地平面用旋耕犁旋耕1～2次后整平、整细。后墙的外侧采用自然坡形式，坡面要整平。

(2)埋设立柱

第一步:规划布线。以日光温室内径100米长为例，按照3.5米为一间，地块中间可规划出28大间，温室东西两端剩下各1米的两小间。按照此规划，分别用卷尺测量出每一间的具体位置，而后南北向进行布线。

第二步:定“标尺”。“标尺”是指用于其他立柱埋设时参照的标准立柱。一般是以温室东西两端的立柱作为“标尺”。以寿光市建造温室为例，温室后墙内高4.4米，选用的各排立柱高度分别为:第一排加重立柱6.1米(偏北斜5°)、第二排加重立柱6.3米(直立)、第三排立柱6.1米(偏南斜3°)、第四排立柱5.3米(偏南斜5°)、第五排立柱4米(偏南斜5°)。在选好立柱之后，再根据布线图，分别把温室东西两端的两列立柱埋设好即可。立柱的下埋深度均为80厘米。

第三步:分次埋柱。以温室东西两端的“标尺”为准，按照由外到内的顺序进行依次埋柱。其方法是:埋设第一排立柱时，先将用于第一排的立柱，从其上端往下测量并标记出3米的位置。然后，在“标尺”立柱(从其上端往下)3米处东西向拉一条标线，立柱埋设后，标线要与立柱的3米标记处重合。按照此方法，再埋设第五排立柱，最后，埋设其他各排立柱。

(3)处理后坡　要抓好以下5个要点。

要点一：埋设后砌柱。在整平温室后墙顶部后，东西向拉线，分别确定后砌柱的埋设点。先将温室内后墙根处的第一排立柱埋设好，而后分别再把温室东端和西端的两根后砌柱（每根长 2 米）摆放在第一排立柱之上，并稍加固定，待确定好其与水平线的夹角后，再把后砌柱埋设好，并用铁丝将其与第一排立柱相连接。然后，在埋设好的两根立柱下方按东西向拉 1 条工程线，以作参照。其余后砌柱便按照同样的方法，依次埋设好即可。后砌柱的一端要伸出第一排立柱约 40 厘米，以备安装温室骨架。后砌柱的另一端埋入墙内约 20 厘米。

要点二：铺拉钢丝。首先在温室一端的底部埋设地锚，然后拴系好钢丝，将其横放在后砌柱之上，并每间隔 1 根后砌柱捆绑 1 次，最后将钢丝的另一端用紧线机固定牢。钢丝间距 10～15 厘米。

要点三：覆盖保温、防水材料。第一步，选一宽为 5～6 米、与温室同长的塑料薄膜，一边先用土压盖在距离后墙边缘 20 厘米处，而后再将其覆盖在“后屋面”的钢丝温室棚面上。温室棚面顶部可再东西向拉一条钢丝，固定塑料薄膜的中间部分。第二步，把事先准备好的草苫或苇箔等保温材料（1.8 米宽）依次加盖其上，注意保温材料的下边缘要在塑料薄膜之上。第三步，为防雨雪浸湿保温材料，需再把塑料薄膜剩余部分“回折”到草苫和毛毡之上。

要点四：上土。从温室一端开始，使用挖掘机从温室后取土，然后将土一点点地堆砌在“后屋面”上，每加盖 30 厘米厚的土层，可用铁锹等工具稍加拍实。另外，要特别注意上土的高度，以不超过温室屋顶为宜，且要南高北低。

要点五：“护坡”。在平整好“后屋面”土层后，最好使用一整幅塑料薄膜覆盖后墙。温室屋顶和后墙根两处东西向各拉一根钢丝将其固定。

（4）处理前坡

①建造前坡面　在两山墙前坡上各放置两排直径为 6 厘米左

右的木棒作垫木，并填草泥使木棒埋入山墙内。

②架置横杆和拱杆　在前斜立柱上端槽口处顺东西方向依次绑好横杆，横杆是直径5厘米的钢管。同时绑好南北坡向的拱杆，拱杆是用长14.5米左右、直径5厘米的钢管。拱杆应呈拱形，并紧紧嵌入各排立柱顶端的槽口中，用12号铁丝穿过立柱槽口下边备制孔，把拱杆绑牢固。拱杆与横杆衔接处要整平整，并用废旧塑料薄膜或布条缠起来，以防扎坏棚膜。绑好后的所有拱杆必须保持在同一拱面上。

③上前坡钢丝　钢丝在拱杆上间隔30厘米均匀铺设，并拉紧固定在两山墙外边的地锚备接铁丝上。最靠近温室屋顶部的一根钢丝与后立柱上后砌柱顶端处钢丝之间的距离约为20厘米。拱杆上与拉紧钢丝交叉处用12号铁丝绑牢。

④绑垫杆　在拉紧的铁丝上要绑上垂直于拉紧钢丝的细竹竿，即垫杆。垫杆是用直径2厘米左右、长2～3米的细竹竿，几根细竹竿接起来，接头一定要平滑，从温室前缘一直到棚顶，并用细铁丝紧绑于东西向拉紧的钢丝上。相邻垫杆的间距为60厘米左右。

⑤粘接塑料棚膜　一般选用幅宽为3米、厚度为0.11毫米的4块聚氯乙烯功能滴膜，热压缝5厘米粘成整体棚膜，在整体棚膜覆盖顶部的一边粘上一道2厘米的“裤”，裤里穿上22号钢丝，以备上棚膜后，通过东西拉紧钢丝，固定天窗通风口的宽度，防止棚膜松动。在“裤”下方8米处再粘合一道“裤”，裤里穿上22号钢丝，作为下通风口的固定钢丝用，以防止下通风口通风时棚膜松动。另用2～3米宽、与温室一样长的塑料膜，在一个边都粘合上一道2厘米宽的“裤”，穿上22号钢丝，作为盖敞天窗通风口用。

⑥上棚膜　选择晴朗、无风、温度较高的天气，于中午进行上膜。上膜之前先把塑膜抻直晒软，然后用长7米、直径5～6厘米的4根竹竿分别卷起棚膜的两端，再东西同步展开放到温室前坡

架上。当温室屋顶和前缘的人员都抓住棚膜的边缘，并轻轻地拉紧对准应盖置的位置后，两端的人员开始抓住卷膜杆向东西两端方向拉棚膜，把棚膜拉紧后，随即将卷膜竹竿分别绑于山墙外侧地锚的钢丝上。在上棚膜时，由上坡往下坡展顺膜面，在顶部留出80～100厘米宽与温室等长的天窗通风口不盖整体膜。上完整体棚膜，随即上天窗通风口敞盖膜，将其有裤鼻的一边放在南边（即天窗通风口南边），先把穿在裤鼻里的14号钢丝连同薄膜一块轻轻地抻展开，当此膜压在整体膜上方靠南20厘米处（即盖过天窗通风口），拉紧固定在两山墙的地锚上。其后边盖过温室棚脊并向后盖过后坡将其拉紧，用泥巴盖在后坡及温室棚脊上的一边压住，并将泥抹严。在此通风口钢丝上分段设置上5～6组（三间长设1组，每组3个滑轮）敞盖天窗膜的滑轮，以便于顶部通风用。

⑦上压膜线　采用专用的尼龙绳压膜线压棚膜。按前坡拱形面长度加150厘米截成段备用。在上压膜线之前，应事先在温室前东西向每隔1.2米处备置好1个地锚，以备拴系压膜线。并将其埋在紧靠温室前角外，深度40厘米。上压膜线时，上端拴在温室棚脊之后东西向拉紧的钢丝上，拉紧到一定程度后，下头拴在前角外的地锚上。温室上好压膜线后，由于垫杆向上支撑棚膜，而压膜线于两垫杆中间往下压棚膜。

(5)上草苫　草苫一般用稻草和尼龙绳编织而成，稻草苫的长度一般是从温室棚脊至前窗底脚处地面的长度上再加长1.5米。草苫的厚度和宽度因不同气候、不同地理纬度而不同，在北纬39°～41°的严寒地区，一般草苫为6厘米厚，1.1～1.3米宽。在北纬36°～38°的地区，一般草苫的厚度为5厘米左右、宽度1.3～1.5米。在北纬35°以南地区，一般草苫厚3～4厘米、宽1.4～1.5米。每床草苫的重量为50～100千克。上草苫的方法有两种：一种是在温室屋顶的后边有一道东西拉紧的钢丝把草苫从后坡搬至温室屋顶后部，一端固定在钢丝上，同时在草苫底下固定两根套拉草苫的拉绳，每根拉绳的长度应为草苫长度的 2 倍再加长 2 米，拉绳最好是尼龙防滑绳或麻绳，以便于放、拉草苫；另一种是把草苫搬在温室前，从棚面上铺上温室屋顶，顶部固定在后坡钢丝上。草苫的覆盖方法也有两种：一种是从东至西依次摆放，覆盖时采取覆瓦状，即西边一床草苫的东边压着相邻东边一床草苫的西边 10 厘米，从温室的后坡顶部覆盖到前坡前窗脚前的地面。最西边草苫的西边，要用一条尼龙绳或麻绳从后坡顶部至前坡前窗脚压紧，防止大风揭帘；另一种是从东至西先隔 1 个草苫覆盖 1 个草苫，盖到温室西边后，再由西到东把未覆盖处用草苫覆盖，使其两边压着相邻草苫的相邻边。现在电动卷帘机的使用已普及，在使用电动卷帘机时上草苫的方法基本与第二种方法相同。

(二)七立柱 121 型日光温室

1. 结构参数

①温室下挖 1 米，总宽 16.1 米，后墙外墙高 3.6 米，后墙内墙高 4.6 米，山墙外墙顶高 5 米，墙下体厚 4 米，墙上体厚 1.5 米，内部南北跨度 12.1 米，走道设在温室内最南端(与其他棚型相反)，也可设在温室内北端，走道加水渠宽 0.6 米，种植区宽 11.5 米。

②立柱 7 排，一排立柱(后墙立柱)长 6.4 米，地上高 5.6 米，至二排立柱距离 1 米。二排立柱长 6.6 米，地上高 5.8 米，至三排立柱距离 2 米。三排立柱长 6.4 米，地上高 5.6 米，至四排立柱距离 2 米。四排立柱长 5.8 米，地上高 5 米，至五排立柱距离 2.2 米。五排立柱长 5 米，地上高 4.2 米，至六排立柱距离 2.4 米。六排立柱长 3.8 米，地上高 3 米，至七排立柱距离 2.5 米。七排立柱(戗柱)长 1.8 米，地上与棚外地平面持平，高 1 米。

③采光屋面平均角度为 23.1°左右，后屋面仰角 45°。前立柱与六排立柱间、六排立柱与五排立柱间、五排立柱与四排立柱间和四排立柱与三排立柱间的平均切线角度，分别为 38.7°、26.6°、

20.0°和16.7°左右。

2. 剖面结构图　见图1-2。

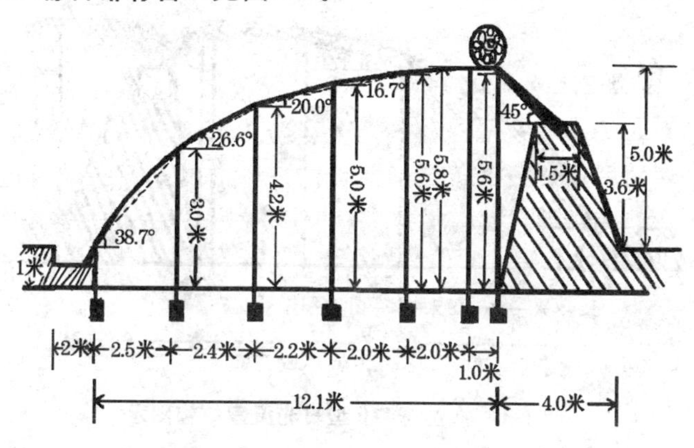

图1-2　七立柱121型日光温室结构图示

3. 建造　依据结构参数，参照六立柱114型日光温室建造技术进行建造。

（三）单立柱110型日光温室

1. 结构参数

①单立柱钢筋骨架结构日光温室，下挖1米，总宽15米，内部南北跨度11米，后墙外墙高3.4米，后墙内墙高4.4米，山墙外墙顶高4.7米，墙下体厚4米，墙上体厚1.5米，走道和水渠设在温室内最北端，走道加水渠宽0.6米，种植区宽10.4米。

②仅有后立柱，种植区内无立柱。后立柱地上高5.3米。

③采光屋面参考角平均角度为23.1°左右，后屋面仰角为45°左右。前窗与距前窗檐3米处、距前窗檐3米处与距前窗檐5.8米处、距前窗檐5.8米处与距前窗檐8.4米处的平均切线角度分别为36.3°、24.9°和17.1°左右。

2. 剖面结构图 见图 1-3。

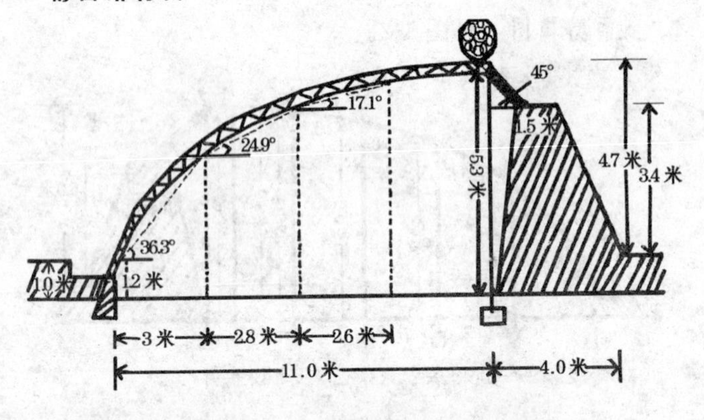

图 1-3 单立柱 110 型日光温室结构图示

3. 建 造

(1)建造墙体 同六立柱 114 型日光温室。

(2)预制墙顶 墙体砌好后,从顶部内缘平铺一层 0.06 毫米的塑料薄膜,一直铺到外墙底部,以防止漏雨浸垮墙体。在内墙墙缘向北 0.6 米处,东西向每 1.5 米埋一块预埋铁块,以备焊接铁梁用。

(3)埋设后立柱基座 每隔 1.5 米在紧靠后墙体内侧挖一个 0.3 米×0.3 米×0.4 米深的坑预制水泥基座,并预埋铁块以便焊接后立柱用。

(4)焊制钢架拱梁 ①温室内每隔 1.5 米设钢架拱梁 1 架,100 米长的温室共计设 66 架拱梁。②焊制前坡拱梁要选取国标 3.96 厘米(1.2 寸)镀锌管与 3.3 厘米(1 寸)镀锌管焊成双弦(或 3 弦)拱架,用 6.5 毫米钢筋拉花焊成直角形。主要采光面平均角为 23.1°。③找一平整场地,根据日光温室宽度、高度和前坡棚面角角度,在地面做一模型,在模型线上固定若干夹管用的铁桩,根据模型焊制钢梁,这样既标准又便利,钢架采用上、下两层镀锌管,中间焊接三角形圆钢支撑柱，上层受力大用3.96厘米（1.2寸）钢管，下层用3.3厘米（1寸）钢管，焊好待用。

（5）前缘埋设钢梁预埋件　在日光温室前缘按设计宽度东西向砌直并垂直于日光温室栽培面，夯实地基，东西向每隔1.5米（与后立柱对齐）埋设一个预埋件，以备安装时焊接钢梁用。

（6）焊接立柱　用直径为8.25厘米（2.5寸）的钢管作立柱，在栽培面以上5.3米东西向每隔1.5米焊接1根在立柱基座上，焊接时向北倾斜5°，加大支撑后坡的压力与重力，立柱上端顺前坡方向焊接7厘米长的5厘米×5厘米角铁一块。

（7）制后坡上棚架　截取1米长的5厘米×5厘米角铁1根在立柱顶端向下0.9米处南北焊接，南端焊在立柱上，北端焊在后墙预埋件上；再截取1根1.8米长的5厘米×5厘米角铁，上端焊在立柱顶端，下端焊接在后墙预埋件上，后坡形成等腰三角形（即后坡角度为45°）；在顺东西向沿立柱上端外侧，焊接1根5厘米×5厘米角铁，东西两端焊接于两山墙预埋件上，以此向下在1.8米长的角铁上等间距焊接2根相同的角铁。后坡焊好后即可上拱梁，拱梁南北向后端焊接与立柱顶端5厘米×5厘米角铁上，下缘焊于立柱上，前端焊接于前墙预埋件上。注意一定要使钢梁向下垂直地面，南北向垂直于后墙。

（8）拉钢丝　拉钢丝的方法同六立柱114型日光温室。

（9）上后坡　在北纬34°～38°地区，后坡保温采用10厘米厚聚氨酯泡沫板，长度以上端扣在上部角铁内，下部放在后墙顶部为宜。为节约建棚费用，在纬度34°以南地区，由于天气较暖，保温板可适当薄一些，而在纬度38°以北地区要加厚。保温板铺好后放一层钢网、水泥预制板10厘米厚，也可用水泥板替代预制板，但是水泥板易开裂不利于防水。

（10）上棚膜和上草苫　膜下垫杆捆扎，上棚膜和上草苫同六立柱114型日光温室。

三、日光温室保温覆盖形式

(一)日光温室保温覆盖的主要方法

1. 塑料薄膜(浮膜)+草苫+日光温室薄膜 简称“两膜一苫”覆盖形式,在山东省寿光市统称“日光温室浮膜保温技术”。浮膜覆盖是日光温室深冬生产苦瓜时,傍晚放草苫后在草苫上面盖上一层薄膜,周围用装有少量土的编织袋压紧。浮膜一般用聚乙烯薄膜,幅宽相当于草苫的长度,浮膜的长度相当于日光温室的长度,厚度为0.07～0.1毫米。

该覆盖形式有以下优点:①保温效果好,深冬夜间温室内温度盖浮膜的比不盖的高出2℃～3℃。②草苫得到保护,盖浮膜的日光温室比不盖的草苫能延长使用1～2年。③减轻劳动强度,过去在冬季夜晚,如果遇到雨雪天气,都要冒雨、冒雪到日光温室上把草苫拉起,防止雨水淋湿草苫或雪无法清除,如果盖上浮膜后再遇到雨雪天,可放心在家休息。

目前浮膜大都是普通的塑料膜,保温性能较差。寿光市的菜农在实践中发现一种“有色”浮膜,其浮膜正面为黑色,反面为白色,用起来效果很好,其优点是:太阳出来后,吸热快,浮膜上的霜冻融化得也快,能较早揭开草苫,增加温室内的光照时间,提高温室温度,有利于苦瓜的生长。另外,该膜要比一般棚膜厚,抗拉性强,耐老化,价格也不是很贵。

此项技术起源于三元朱村,在寿光市科技人员的努力下,得到了很好的推广,目前有90%的日光温室用上了这项技术。

2. 塑料薄膜(浮膜)+草苫+日光温室薄膜+保温幕 该覆盖形式是在“两膜一苫”覆盖形式的基础上,在日光温室内再增加一层活动的薄膜棚,利用两层农膜把温室内热量积聚起来,不易散发，从而提高保温性能，可较单一的“两膜一苫”覆盖形式提高温度3℃～5℃。这种保温覆盖形式主要用于深冬季节，特别是出现连续阴雪天气时，其他季节一般不用。在山东寿光市该覆盖形式统称“棚中棚”。“棚中棚”具体建造方法是：在温室内吊蔓钢丝的上部再覆上一层薄膜，薄膜覆上后用夹子将其固定；在日光温室前端距棚膜50厘米处，顺应日光温室膜的走向设膜挡住；在日光温室后端、种植作物北边，上下扯一层薄膜，其高度与上部膜一致，该膜不固定，以便于通风排湿。

“棚中棚”的管理与温室一样，晴天拉开草苫，当温室内温度不再明显下降时，要及时拉开二层内棚，寒流过后可把内棚全放开，以增加光照。“棚中棚”在管理中应注意早上不宜过早通风，要在温室内见光1小时后考虑通风，一是增加光合作用强度，提高温室内二氧化碳利用率，使光合作用能顺利进行；二是晚通风，升温快，能降低温室内空气相对湿度，达到减轻病害的目的。在连续阴雨雪天时，温室内以保温为主，可不通风，但天气突然放晴时，要注意拉花帘缓慢通风，以免植株适应不了外界条件而出现萎蔫的情况，从而发生死棵现象。

3. 日光温室前脸设置三幅保温膜　在深冬季节，如何有效地进行温室保温呢？寿光市有经验的菜农在温室内设置了第二层膜（“棚中棚”），效果良好。可是，温室前脸处由于没有墙体的保护，到了夜间，易与外界空气和土层发生热量交换，使得该处降温幅度较大，不利于苦瓜秧苗的正常生长。在温室前脸处设置三幅保温膜，很好地解决了保温问题。

第一幅膜：设置在最靠近温室前脸棚膜处，两者间距10厘米左右。第一幅膜采用幅宽为1.6米的白色地膜。在温室前脸处，先东西向拉一根细钢丝，注意要在垫杆下方。而后将薄膜的上边缘用胶带粘在钢丝上，上下拉紧后，用土将其下边缘压住。该膜的作用，一是可阻隔顺着棚膜流淌下的水滴蒸发，降低温室内湿度；

二是形成隔层,减少温室内外的热量交换。

第二幅膜:设置位置在第一幅膜的内侧,两者之间同样间隔10厘米左右。该幅膜与温室内的第二幅膜一并设置,两膜即是设置在温室内吊蔓钢丝上的保温膜。同样,温室前脸处的两膜直接依次固定在南北向吊蔓钢丝上,其下边缘也用土压住即可。设置外温室内两膜以后,苦瓜秧苗就相当于处在一间平房内,从而增强了保温性。

第三幅膜:该膜处在二膜的内侧,为了设置方便,需用竹条搭设拱架,即竹条一头插在土里,另一头弯向北侧,最后捆绑在温室内立柱上。待竹条搭设好,便可在其上覆盖第三幅保温膜,上边缘用胶带粘,下边缘用土压。第三幅膜最好做成活动式的,白天可撤下以提高温度,夜间覆上保温。三幅保温膜具体设置方法见图1-4。

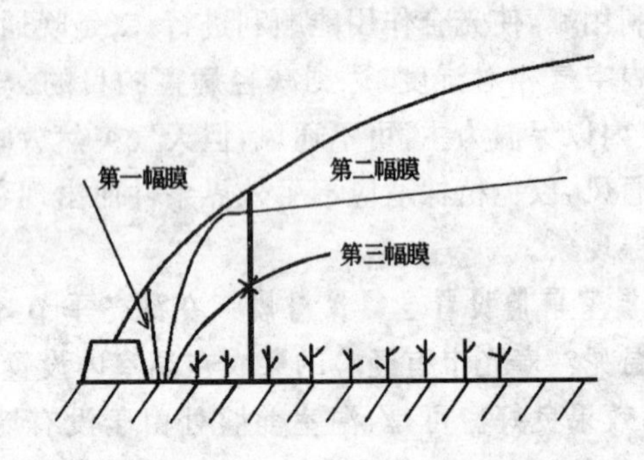

图1-4 日光温室前脸设置3幅保温膜图示

(二)棚膜的选择

目前日光温室的覆盖材料主要是塑料薄膜,其中最常用的棚膜按树脂原料可分为PVC(聚氯乙烯)薄膜、PE(聚乙烯)薄膜和EVA(乙烯-醋酸乙烯)薄膜3种。这3种棚膜的性能不同,PVC棚膜保温效果最好,易粘补,但易污染,透光率下降快;PE棚膜透光性好，尘污易清洗，但保温性能较差；EVA 棚膜保温性和透光率介于 PE 和 PVC 棚膜之间。在实际生产中，为增加棚膜的无滴性，常在树脂原料中添加防雾剂，PVC 棚膜和 EVA 棚膜与防雾剂的相容性优于 PE 棚膜，因而无滴持续时间较长。据调查，目前我国生产的 PE 多功能膜的无滴持续时间一般为 2～4 个月，PVC 和 EVA 棚膜可达 4～6 个月。当前，PE 棚膜应用最广，数量最大，其次是 PVC 棚膜，EVA 棚膜也开始试用。

生产中按薄膜的性能、特点，棚膜又分为普通棚膜、长寿棚膜、无滴棚膜、长寿无滴棚膜、漫反射棚膜和复合多功能棚膜等。其中普通棚膜应用最早，分布最广，用量最大；其次是长寿棚膜和无滴棚膜。近年来，长寿无滴棚膜也有了较快的发展。目前我国生产的棚膜主要有以下几种。

1. PE(聚乙烯)普通棚膜　这种棚膜透光性好，无增塑剂污染，尘埃附着轻，透光率下降缓慢，耐低温(脆化温度为－70℃)；密度轻(0.92)，相当于 PVC 棚膜的 76%，同等重量的 PE 膜覆盖面积比 PVC 膜增加 24%；红外线透过率高达 87%～90%，夜间保温性能好，且价格低。其缺点是透湿性差，雾滴重；不耐高温日晒，弹性差，老化快，连续使用时间通常为 4～6 个月。日光温室上使用基本上每年都需要更新，覆盖日光温室越夏有困难。PE 普通棚膜厚度为 0.06～0.12 毫米，幅宽有 1 米、2 米、3 米、3.5 米、4 米、5 米等规格。

2. PE 长寿(防老化)棚膜　在 PE 膜生产原料中，按比例添加紫外线吸收剂、抗氧化剂等，以克服 PE 普通棚膜不耐高温日晒、易老化的缺点。其他性能特点与 PE 普通膜相似。PE 长寿棚膜是我国北方高寒地区温室越冬覆盖较理想的棚膜，使用时应注意减少膜面积尘，以保持较好的透光性。PE 长寿膜厚度一般为 0.12 毫米，宽度规格有 1 米、2 米、3 米、3.5 米等，可连续使用 18～24 个月。

3. PE复合多功能膜　在PE普通棚膜中加入多种特异功能的助剂，使棚膜具有多种功能。如北京塑料研究所生产的多功能膜，集长寿、全光、防病、耐寒、保温为一体，在生产中使用反映效果良好。在同样条件下，其夜间保温性比普通PE膜提高1℃～2℃，每667平方米温室使用量比普通棚膜减少30%～50%。复合多功能膜中如果再添加无滴功能，效果将更为全面突出。PE复合多功能膜厚0.06～0.08毫米，幅宽有1米、1.5米、2米、4米、8米等规格，有效使用寿命为12～18个月。

4. PVC（聚氯乙烯）普通棚膜　透光性能好，但易粘吸尘埃，且不容易清洗，污染后透光性严重下降。红外线透过率比PE膜低（约低10%），耐高温日晒，弹性好，但延伸率低。透湿性较强，雾滴较轻；比重大，同等重量的覆盖面积比PE膜小20%～25%。PVC膜适于作夜间保温性要求高的地区和不耐湿作物设施栽培的覆盖物。PVC普通棚膜厚度为0.08～0.12毫米，幅宽有1米、2米、3米等规格，有效使用期为4～6个月。

5. PVC双防膜（无滴膜）　PVC普通棚膜原料配方中按一定配比添加增塑剂、耐候剂和防雾剂，使棚膜的表面张力与水相同或相近，薄膜下面的凝聚水珠在膜面可形成一薄层水膜，沿膜面流入温室底部土壤，不至于聚集成露滴久留或滴落。由于无滴膜的使用，可降低温室内的空气相对湿度；露珠经常下落的减少可减轻某些病虫害的发生。更值得说明的是，由于薄膜内表面没有密集的雾滴和水珠，避免了露珠对阳光的反射和吸收，增强了温室光照，透光率比普通膜高30%左右。晴天升温快，每天低温、高温、弱光的时间大为减少，对设施中作物的生长发育极为有利。但透光率衰减速度快，经高强光季节后，透光率一般会下降至50%以下，甚至只有30%左右；旧膜耐热性差，易松弛，不易压紧。同时，PVC无滴棚膜与其他棚膜相比，密度大，价格高。PVC双防膜厚度为0.12毫米，幅宽有1米、2米、3米等规格，有效使用期8～10个月。

6. EVA 多功能复合膜 这是针对 PE 多功能膜雾度大、流滴性差、流滴持效时间短等问题研制开发的高透明、高效能薄膜。其核心是用含醋酸乙烯的共聚树脂，代替部分高压聚乙烯，用有机保温剂代替无机保温剂，从而使中间层和内层的树脂具有一定的极性分子，成为防雾滴剂的良好载体，流滴性能大大改善，雾度小，透明度高，在日光温室上应用效果最好。EVA 多功能复合膜厚度为 0.08～0.1 毫米，幅宽有 2 米、4 米、8 米、10 米等规格。

（三）对草苫的要求及草苫的覆盖形式

1. 对草苫的要求

（1）*草苫要厚* 一般成捆的草苫平均厚度应不小于 4 厘米。

（2）*草苫要新* 新草苫的质地疏松，保温性能比较好，陈旧草苫质地硬实，保温效果差，不宜选用。另外，要选用用新草编制的草苫，不要选用陈旧草或发霉的草编制草苫。

（3）*草苫要干燥* 干燥的草苫质地疏松，保温性好，便于保存，而且重量轻，也容易卷放。

（4）*草苫的密度要大* 草苫密度大的保温性能好，最好用人工编制的草苫，不要用机器编制的草苫，机器编制的草苫多比较疏松，保温性差，也容易损坏。

（5）*草苫的经绳要密* 经绳密的草苫不容易脱把、掉草，草把间也不容易开裂，草苫的使用寿命长，保温性能也比较好。一般幅宽为 1.2 米的草苫，其经绳道数应不少于 8 道。

2. 草苫的覆盖形式 日光温室覆盖草苫，一般采用“品”字形覆盖法，即在覆盖草苫时，在温室棚面上呈“品”字形摆放，其中两个草苫在下，中间预留 30～40 厘米的空隙，待底层草苫覆盖完毕后，再在每两个草苫中间加盖一个草苫，以增强温室的整体保温效果。此法覆盖草苫，既方便人工拉放草苫，又适合使用卷帘机拉放草苫。

传统的草苫覆盖法，多为上面草苫压盖下面草苫，除了保温效果不及“品”字形覆盖法外，而且由于传统覆盖法是将草苫连接在一块，两个草苫之间重合面积小，一旦遇到大风，还易被逐个刮起。另外，传统覆盖法仅适合于人工拉放单个草苫，不适合使用卷帘机整体拉放草苫（卷帘机通过卷杆把所有草苫一块上卷，草苫采用传统覆盖法覆盖，使用卷帘机拉起后，易出现倾斜，危险系数增大）。

草苫“品”字形覆盖法的具体操作流程可分以下几步：第一步，布设固定钢丝。为了防止草苫下滑脱落，需在温室后墙上缘东西方向布设一条固定钢丝，将草苫一头固定在钢丝上。具体方法是：先在温室后墙的东西两侧埋设深 50 厘米的地锚，然后把钢丝一头拴在地锚扣上，另一头再用紧线机拉紧即可。第二步，摆放草苫。根据温室的长度和草苫的规格，确定使用草苫的数量。而后把所有草苫一一摆放在温室的后墙上待用。在一般情况下，宽度约 1.6 米的新草苫，两个成年人从温室东墙或西墙上便可将草苫抬放到温室后墙上。若使用 2.5～3 米宽的加宽草苫，这种草苫较重，不便于人工抬放，可以使用小型吊车，从温室的后面一一将草苫吊放上去。第三步，覆盖草苫。在草苫按照顺序摆放到温室后墙上后，先用铁丝将草苫的一头固定在东西方向的钢丝上，再一一把草苫沿着棚面滚放下来，呈“品”字形摆放。假若人工拉放草苫，宜提前把拉绳放在草苫下面；若使用卷帘机拉放草苫，在草苫摆放调整好后，将其下端固紧在卷杆上，而后开动卷帘机，试验一下拉放效果。若草苫出现倾斜，应先停止卷帘机，再进行调整，以防止发生意外事故。

3. 草苫的揭盖管理 草苫的揭盖直接关系到日光温室内的温度和光照。在揭盖管理上，应掌握在上午揭草苫的适宜时间，以有直射光照射到前坡面，揭开草苫后温室内气温不下降为宜。盖草苫的时间，原则上在日落前温室内气温下降至 15℃～18℃时覆盖。正常天气掌握在上午 8 时左右揭，下午 4 时左右盖。一般雨雪天，温室内气温不下降就要揭开草苫。大风雪天，揭草苫后温室内温度明显下降，可不揭开草苫，但中午要短时揭开或随揭随盖。连续阴天时，尽管揭苫后温室内气温下降，仍要揭开草苫，下午要比晴天提前盖草苫，但不要过早。连续阴天后的转晴天气，切不可猛然全部揭开草苫，应陆续间隔揭开；中午阳光强时可将草苫暂时放下，至阳光稍弱时再揭开。雪天及时清扫草苫上的积雪，以免化雪后将草苫弄湿。在最寒冷天气，夜间温室内最低温度出现 10℃ 以下的低温时，应在草苫上再加盖一层旧薄膜或一层草苫，前窗加围苫。

四、寿光日光温室的主要配套设施

（一）顶风口

1. 顶风口的设置　日光温室前屋面的上面留出一条长宽约 50 厘米的通风带，通风带用一幅宽为 1～1.5 米的窄膜单独覆盖。窄幅膜的下边要折叠起一条缝，缝边粘住，缝内包一根细钢丝，上膜后将钢丝拉直。包入钢丝的主要作用，一是通风口合盖后，上下两幅膜能够贴紧，提高保温效果；二是开启通风口时，上、下拉动钢丝，不损伤薄膜；三是上、下拉动通风口时，用钢丝带动整幅薄膜，通风口开启的质量好，工效也高。

2. 通风滑轮的应用　过去的日光温室覆盖的棚膜为一个整体，通风时要一天几次爬到温室屋顶上去，既增加了劳动强度，又不安全；而通风滑轮的应用是 1 个日光温室上覆盖大、小两块棚膜，通过滑轮和绳索调节通风口的大小，既节约时间，又安全省事。

安装方法：将定滑轮 A 和 B 固定在窄幅膜下的温室棚架下方（在膜下面），定滑轮 C 固定在宽幅膜下的棚架上（在膜上面）。为保护棚膜，可把定滑轮 C 固定在压膜线上，把通风绳、闭风绳的一端均拴在窄幅膜下边的细钢丝上，最后将通风绳绕过定滑轮 A、闭风绳依次绕定滑轮 B 和定滑轮 C 即可。通风时，拉动通风绳；闭风时，拉动闭风绳。平常为了预防通风口扩大或缩小，可把两绳拉紧，系在温室内的立柱或钢丝上（图 1-5）。

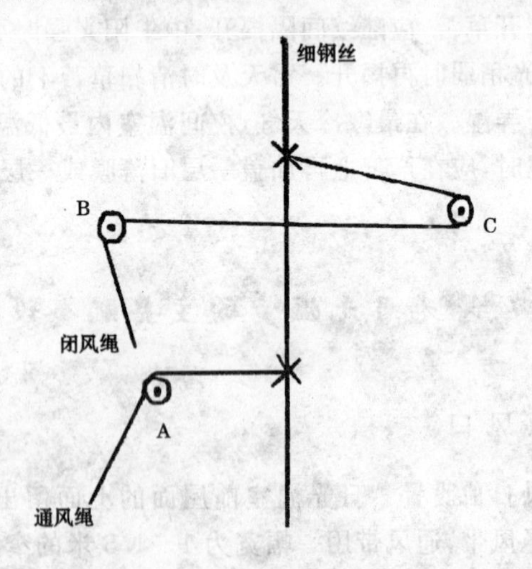

图 1-5　通风滑轮安装图示

3. 顶风口处设挡风膜　在冬季，尤其是深冬期，在日光温室通风口处设置挡风膜是非常必要的。其好处：一是可以缓冲温室外冷风直接从风口处侵入，避免冷风扑苗；二是因通风口处的棚膜多不是无滴膜，流滴较多，设置挡风膜可以防止流滴滴落在下面的苦瓜叶片上。在夏季，挡风膜可阻止干热风直接吹拂在苦瓜叶片上，减轻病毒病的发生。

挡风膜设置简便易行，就是在日光温室风口下面设置一块膜，长度和温室长相等，宽为 2 米，拉紧扯平，固定在日光温室的立柱和竹竿上，固定时要把挡风膜调整成北低南高的斜面，以便使挡风膜接到的露水顺流到日光温室北墙根的水渠内。挡风膜的设置位置如图 1-6 所示。

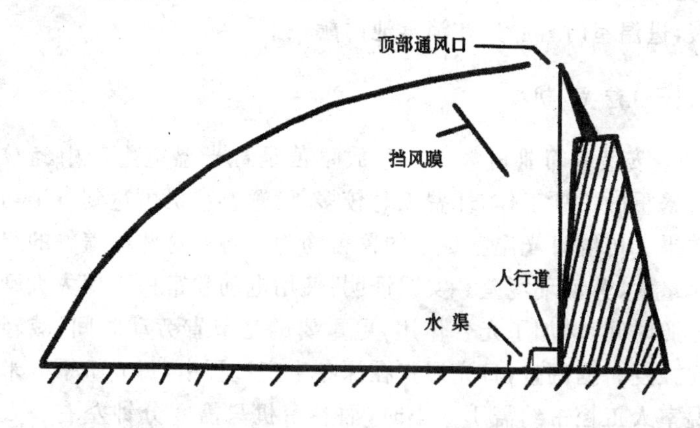

图 1-6　挡风膜的设置图示

挡风膜的安装方法是：将宽度为 2 米的挡风膜的两侧用粘膜机粘一个 2～3 厘米的“布袋”，然后上侧“布袋”中穿一根比温室长出 6～8 米的钢丝，固定在通风口下南边 30～40 厘米的地方，将钢丝固定在温室两头外侧的地锚上，用紧线机抻紧。接着，每隔 15 米使用铁丝将缓冲膜的钢丝与棚面上的钢丝或拱杆固定一下，防止缓冲膜中间下垂。缓冲膜下部使用与温室长度等长的钢丝，穿在缓冲膜“布袋”内抻紧，固定在温室内后侧的立柱上即可。

(二)消毒池

近年来，日光温室土传病害越来越严重，其中人为传播是重要原因。因为生产人员鞋底所带的病菌进温室后即可成为病原，引起土传病害的暴发，所以菜农在帮工时所穿的鞋若不注意杀菌消毒，会造成土传病害的传播。

寿光菜农在温室门口设置的消毒池，可对进入人员的鞋底进行消毒。消毒池的设置方法为：在温室门口设置一个长为 50 厘米、宽为 40 厘米，深为 5～8 厘米的池子，池内放置高锰酸钾等消毒液，进温室时鞋底先在消毒池内蘸一下即可。

(三)卷帘机

1. 安装卷帘机的好处 卷放草苫是日光温室生产中经常而又较繁重的一项工作，耗费工时较多，设置卷帘机可达到事半功倍之效果。传统日光温室冬季的覆盖物为草苫。这些覆盖物的起放工作量大、劳动环境差。实践证明：使用电动卷帘机不仅大大延长了光照时间，增加了光合作用，更重要的是节省劳动时间，减轻了劳动强度。据调查，日光温室在深冬生产过程中，每 667 平方米日光温室人工控帘约需 1.5 小时，而卷帘机只需 8 分钟左右。太阳落山前，人工放帘需用 1 小时左右。由此看来，每天若用卷帘机起放草苫，比人工节约近 2 小时的时间，同时延长了室内宝贵的光照时间，增加了光合作用时间。另外，使用电动卷帘机对草苫保护性好，延长了草苫的使用寿命，既降低生产成本，同时因其整体起放，其抗风能力也大大增强。

目前，寿光市 80%的日光温室安装了卷帘机。

2. 日光温室卷帘机类型 目前使用的卷帘机有两大类型：一种是前屈伸臂式，包括主机、支撑杆、卷杆三大部分，支撑杆由立杆和横杆构成，立杆安装在日光温室前方地桩上，横杆前端安装主机，主机两侧安装卷杆，卷杆随温室棚体长短而定；另一种是轨道式，包括主机、三相电动机、轨道大架、吊轮支撑装置、卷杆等构成。主机两侧安装卷杆，卷杆随温室棚体长短而定。

3. 屈臂式卷帘机安装步骤

第一步，预先焊接各连接活结、法兰盘到管上。根据温室长度确定卷杆强度(一般 60 米以下的温室用直径 60 毫米高频焊管、壁厚 3.5 毫米；60 米以上的温室，除两端各 30 米用直径 60 毫米管外，主机两侧用直径 75 毫米、壁厚 3.75 毫米以上的高频焊管)和长度;焊接卷杆上的间距用一根 0.5 米长、高约 3 厘米的圆钢,立杆与支撑杆的长度和强度:在机头与立杆支点在同一水平的前提下,立杆和支撑杆长度的总和等于温室内跨度加 5 米,支撑杆长度比立杆短 20～30 厘米;长度超过 60 米的日光温室一般支撑杆需用双管(图 1-7)。

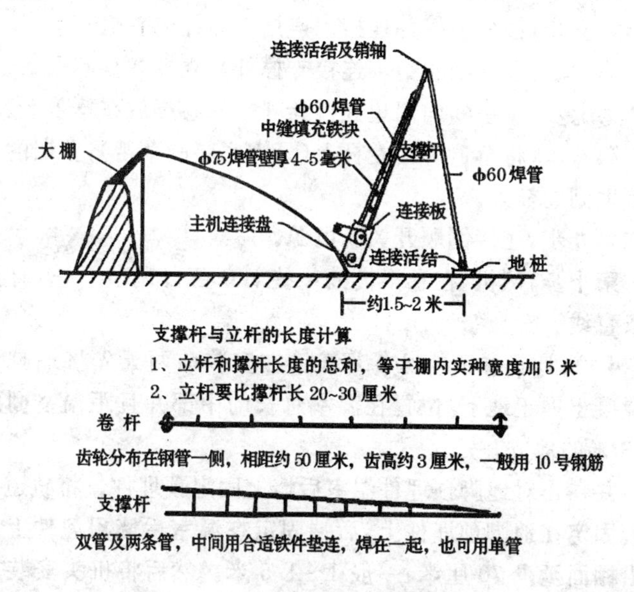

图 1-7　屈臂式卷帘机安装示意

第二步,草苫或保温被准备。草苫要求厚度均匀,长短一致,垂直固定于卷杆之上,并按“品”字形排列。注意草苫两边交错量要保持一致,若新旧草苫混用时一定要相间排列,尽量做到其左右对称,以免草苫卷动不同步和整体跑偏。

第三步,铺设拉绳。拉绳的作用是用来减轻卷帘机自身重量和卷动作用力对草苫的不良影响。拉绳的合理使用直接关系着草苫的使用寿命和机器的同步与跑正,拉绳的一端固定于温室顶地锚钢丝上，另一端固定于温室下卷帘机的卷轴上，要求每条拉绳工作长度及松紧度保持一致，统一标准。

第四步，在温室前正中间，距温室1.5～2米处作立杆支点，用直径60毫米、长80厘米左右焊管与立杆进行"T"形焊接作为底座立在地平面，并在底座南侧砸2根圆钢以防止往南蹬走。

第五步，横杆铺好并连接。连接支撑杆与主机。

第六步，以活结和销轴连接支撑杆与立杆并立起来。

第七步，从中间向两边连接卷杆并将卷杆放在草苫上。

第八步，将草苫绑到卷杆上（只绑底层的草苫），上层的草苫自然下垂到卷杆处。

第九步，连接倒顺开关及电源。

第十步，试机，在卷得慢处垫些旧草苫以调节卷速，直至卷出一条直线。

4. 轨道式卷帘机安装步骤 在安装前两天先将地脚预埋件用混凝土埋于地下，位置在温室总长的中部并且距温室棚面前方2～3米的地方。

并在正对地脚预埋件温室后墙上固定预埋件。将轨道大架的前端固定在地脚预埋件上，后端固定在温室后墙预埋件上。轨道高出棚面至少70厘米，一般1～1.5米。然后将机头安装在三角形轨道上，并按要求安装机头、电器及连接卷轴（图1-8）。草苫的铺放和试机等同屈臂式卷帘机。

5. 操作方法 由下往上卷帘时，将开关拨到"顺"的位置，卷帘到预定位置时，将开关拨回"关"的位置。由上往下放帘时，将开关拨到"倒"的位置，放帘到预定位置时，将开关拨回"关"的位置。如遇停电，可将手摇柄插入手摇柄插孔进行人工摇动。顺时针摇动向上卷帘，逆时针摇动则向下放帘。

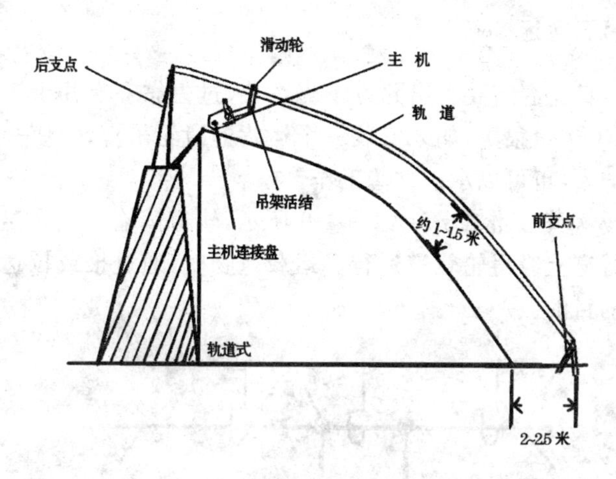

图 1-8 轨道式卷帘机安装示意

(四)棚膜除尘条

日光温室棚膜上的水滴、碎草、尘土等杂物会使透光率下降30%左右。新薄膜在使用过程中,随着使用时间的延长温室内光照会逐渐减弱。因此,要经常清扫,保持棚膜洁净,以增加棚膜的透明度。寿光市菜农在棚膜上设"除尘条"擦拭棚膜的方法简便易行,除尘条随风飘动,自动擦净棚膜,很有推广价值。

除尘条设置的方法是:在新上棚膜的日光温室上每隔 1.2 米设置一条宽 6～10 厘米、比棚膜宽度长 0.5～1 米的布条,两头分别系在温室上部通风口和温室前裙的压膜线上,利用风力使布条摆动除尘,这样布条不会对棚膜造成划伤。

由于布条中间摆幅最大,除尘率可达 80%以上,两头摆幅最小,除尘率不足 50%,所以菜农还要及时利用抹布将温室南北两端棚膜上的尘土擦去。

(五)温室运输车

一个日光温室要运出几万千克蔬菜,过去靠一次几十千克地往外提,工作量很重,如果安装一个运货的滑轮吊车,即使一个力气平常的人,也可以承担这些工作。

1. 运输车工作原理 如图 1-9 所示,轨道运输车是在温室后部的人行道上缘滑轮轨道运行。运载重物时,通过推或拉达到运输重物的目的。

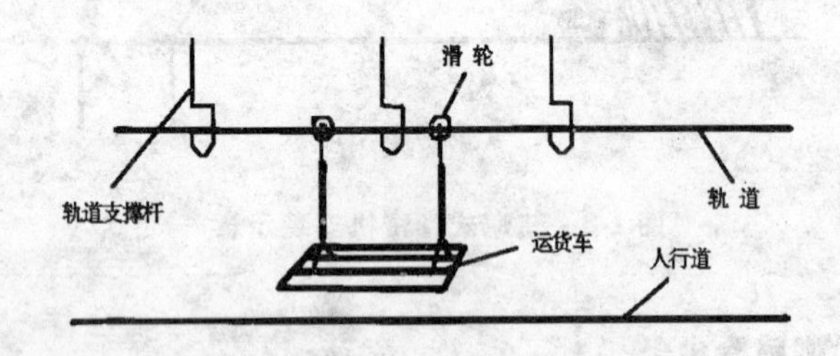

图 1-9 日光温室运输车安装示意

2. 使用材料 滑轮直径 6 厘米,必须用钢材制作。经过试验,使用铸铁或塑料做的滑轮,承重力小,使用寿命短。滑轮与框架的连接件使用钢筋和钢管,钢筋直径 1 厘米,长 20～30 厘米。钢管内径 25～30 毫米,长 100 厘米,钢管与框架用钢筋电焊连接。滑轮转轴与钢管之间用钢筋焊连接。运输车的框架可用内径15～20 毫米的钢管,也可用 4 厘米×4 厘米的角钢。四边框用电焊连接。框架中间再焊接 2 根钢管或角钢。也可不用框架,将连接滑轮两钢管均缩短至 50 厘米,并在两钢管下端焊接一横向钢管,在横向钢管下部焊接直径 1 厘米的钢筋挂钩。

轨道可设置单轨和双轨两种,单轨道用 24 号钢丝、双轨道用 20 号钢丝。轨道支撑杆由钢丝和窄钢板组成,钢丝型号为 20 号,窄钢板厚度为 0.5 厘米,宽 3～4 厘米,长 40 厘米左右,加工成

“ㄣ”形状。

3. 轨道安装　轨道需要吊在温室内后部人行道处的空中，距温室后墙的水平距离为 35 厘米，距地面的距离为 200 厘米。钢丝穿过温室两山墙，两端固定在附石（地锚）铁丝上，然后用紧线机紧好并固定牢靠。每间温室设置一轨道支撑杆，支撑杆由钢丝和“ㄣ”钢板两部分组成，“ㄣ”钢板较长端固定在钢丝上，另一端焊接在轨道下端，且“ㄣ”钢板两边要与轨道垂直，使滑轮正好从“ㄣ”中间通过。钢丝的另一端固定在温室后坡支架上。将滑轮和框架安装在轨道上即可使用。

4. 使用年限　在正常情况下，日光温室轨道运输车可使用 10～20 年。

（六）阳光灯

因冬季光照弱、时间短，9 000～20 000 勒克斯光照时数仅有 6～7 小时，而苦瓜要求 10 小时以上，才能达到最佳产量状态，所以，光照不平衡已成为当今制约日光温室冬春茬苦瓜高产优质的主要因素。为了解决日光温室增产问题，寿光市引进了阳光灯技术，解决了冬季日光温室因光照带来的弱秧低产问题。

1. 阳光灯增产的原理　①促使苦瓜长根和花芽分化。冬季苦瓜常见的不良症状是龟缩头秧、徒长、茎细节长花弱、落花落果、畸形僵果、小叶、叶凋等，均系温度低和光照弱引起的病症。靠太阳光自然调节，少则 10 天半个月，多则 1～2 个月，才能缓解温度低带来的问题，严重影响产量和效益。在日光温室内安装阳光灯，其中的红、橙光促使苦瓜扎深根，蓝、紫光促进花芽分化和生长，作物无障害生育，增产幅度可达 1～3 倍。苦瓜有深根长果实、浅根长叶蔓的习性，补光长深根还可达到控秧促根、控蔓促果的效果。②提高苦瓜秧的抗病、增产和优质作用。高产栽培十要素的核心是防病。种、气、土是病菌的载体；水、肥是病菌的养料；温度、密植是环境，惟有光是抑菌灭菌，增强植物抗逆性的生态因素。如果日光温室内温度提高 2℃，湿度下降 5%左右，光照强度增加 10%，病菌特别是真菌可减少 87%，因此冬季温室内消除病害，升温降湿，补光提高植物体含糖度，增强耐寒、耐旱及免疫力，是抑菌防病最经济实惠的办法；还能减少用药、用工等开支和产品污染程度，有利于生产无公害绿色食品。③延长日光温室作物光合作用效应。日光温室多在冬季应用，早上光适温低，下午温室西墙挡光，每天浪费掉 30～60 分钟的自然适光，日光温室建筑方位只能坐北向南，偏西 5°～9°。补光生产苦瓜，日光温室可建成坐北向南偏东，太阳一出来，作物可很快进入光合作用适温和适光环境。下午气温在 15℃～20℃时，打开阳光灯补光 1～3 个小时，每天能将 5～7 个小时的适宜光合作用条件延长 1～3 个小时，增产幅度可提高 20%以上。

2. 阳光灯的安装 ①阳光灯配套件为 220V/36W 灯管，配相应倍率的镇流器灯架，每天在无光时可照射 17 平方米面积，弱光时可照射 30～60 平方米。灯管布局以温室内光的照度均匀为准，灯距被照射植株的高度以 1.5～2 米为宜。因太阳光受云层影响，时弱时强，苦瓜需光强度为 1 万～5.5 万勒克斯，苗期和生育期有别。安装时，每个阳光灯都设开关，以便根据生物生长需求和当时光强度进行调节。②用 220V、50Hz 电源供电，电源线与灯总功率匹配。电源线用铜线，直径不少于 1.5 毫米，接头用防水胶布封严。

3. 应用方法 ①育苗期，早上 7～9 时和下午 4～6 时开灯，与太阳光一并形成 9～11 小时的日照，培育壮苗。②在连阴雨天全天照射，可避免根萎秧衰。③结果期早上或下午室温在 15℃以上，但光照强度在 9 000～20 000 勒克斯以下时，便可开灯补光。

(七)反 光 幕

在日光温室栽培畦北侧或靠后墙部位张挂反光幕，有较好的增温补光作用，是日光温室冬季生产或育苗所必需的辅助设施。

1. 反光幕应用效果　①可明显增加温室内的光照强度，可增加光照 5 000 勒克斯，尤以冬季增光率更高。张挂反光幕的实践表明，反光幕前 0～3 米，地表增光率由近及远为 44.5%～9.1%，60 厘米空中增光率由高至低为 40.0%～9.2%。反光幕的增光率随着季节的不同而有差异，在冬季光照不足时增光率大，春季增光率较小；晴天的增光率大，阴天的增光率小，但也有效果。②可提高气温和地温。反光幕增加光照强度，明显地影响着气温和地温，反光幕 2 米内气温提高 3.5℃，地温提高 1.9℃～2.9℃。③育苗时间缩短，秧苗素质提高，同品种、同苗龄的幼苗株高、茎粗、叶片数均有增加。④改善了温室内小气候，增强了植株的抗病能力，减少农药使用及污染。⑤张挂反光幕日光温室的苦瓜产量、产值明显增加，尤其是冬季和早春增效更明显。

2. 反光幕的应用方法　每 667 平方米温室用量为 200 平方米。张挂镀铝聚酯膜反光幕的方法有单幅垂直悬挂法、单幅纵向粘接垂直悬挂法、横幅粘接垂直悬挂法和后墙板条固定法 4 种。生产上多随日光温室走向，面朝南，东西延长，垂直悬挂。张挂时间一般在 11 月末至翌年 3 月。最多延至 4 月中旬。张挂步骤如下(以横幅粘接垂直悬挂法为例)：使用反光幕应按日光温室内的长度，用透明胶带将 50 厘米幅宽的 3 幅聚酯镀铝膜粘接为一体。在日光温室中柱上由东向西拉铁丝固定，将幕布上方折回，包住铁丝，然后用大头针或透明胶布固定，将幕布挂在铁丝横线上，使幕布自然下垂，再将幕布下方折回 3～9 厘米，固定在衬绳上，将绳的东西两端各绑竹棍一根固定在地表，可随太阳照射角度水平北移，使其幕布前倾 75°～85°。也可把 50 厘米幅宽的聚酯镀铝膜按中柱高度剪裁，一幅幅紧密排列并固定在铁丝横线上。150 厘米幅宽的聚酯镀铝膜可直接张挂。

3. 注意事项

第一，定植初期，靠近反光幕处要注意浇水，水分要充足，以免光强温高造成灼苗。使用的有效时间为 11 月份至翌年 4 月份。对无后坡日光温室，需要将反光幕挂在北墙上，要把镀铝膜的正面朝阳，否则膜面离墙太近，易因潮湿造成铝膜脱落。每年用后，最好经过晾晒再放于通风干燥处保管，以备再用。

第二，反光幕必须在保温达到要求的日光温室才能应用。如果温室保温不好，白天光靠反光幕来提高温室内的气温和地温虽然有效，但夜间难免受到低温的损害。因为反光幕的作用主要是提高温室后部的光照强度和昼温，扩大后部昼夜温差，从而把后部的苦瓜增产潜力挖掘出来。

第三，反光幕的角度、高度需要随季节、苦瓜生长情况等进行适当的调整。日光温室早春茬苦瓜定植多在 12 月份至翌年 1 月份，此时植株矮小、地温低，影响缓苗，使用反光幕主要起到提高地温、促进缓苗的作用。冬季太阳高度角小，悬挂的反光幕一般较矮，贴近地面，以垂直悬挂或略倾斜为主。在苦瓜植株长高后，植株叶片对光照的要求增加，尤其是早、晚光照较弱时，反光幕主要起到提高光合作用的目的。此时植株高、太阳高度角变大，悬挂反光幕也需要适当调整，反光幕底部位置提高到植株顶点附近，角度以底部略向南倾斜为宜，以保证上午 8:30～9:00 反射光线基本与地面水平为好。一般情况下，反光幕与地面应保持在 75°～85°角。进入 4 月份以后，随着气温逐步回升，光照充足，制约深冬苦瓜生长的光照不足、气温偏低的问题已不存在，晴天时甚至会出现光照过强、温度过高的问题，此时反光幕也已完成了其作用，应及时撤掉。

(八)防虫网

防虫网覆盖栽培是一项能提高产量的实用环保型农业新技术。通过覆盖在温室棚架上构建人工隔离屏障,将害虫拒之网外,切断害虫(成虫)繁殖途径,有效控制各类害虫,如菜青虫、菜螟、小菜蛾、蚜虫、跳甲、甜菜夜蛾、美洲斑潜蝇、斜纹夜蛾等的传播以及预防病毒病传播的危害,确保大幅度减少菜田化学农药的施用,使产出的苦瓜优质、卫生,为发展生产无污染的绿色农产品提供了强有力的技术保证。

1. 防虫网的种类　防虫网是一种采用添加防老化、抗紫外线等化学助剂的聚乙烯为主要原料,经拉丝制造而成的网状织物。它与塑料布等覆盖物的不同之处在于网目之间允许空气通过,但能将昆虫阻隔于外界。防虫网的规格主要包括幅宽、丝径、颜色、网孔密度等内容。幅宽通常为1～1.8米,最大幅宽为3.6米;丝径范围是0.14～0.18毫米;颜色有白色、银灰色、黑色等,但以白色为多。如果为了加强遮光效果,可选用黑色或银灰色的防虫网避蚜虫效果更好。目前,生产上推荐适宜使用的目数是20～40目,以20目、25目、32目最为常用。

2. 防虫网的作用

(1)防虫　苦瓜覆盖防虫网后,基本上可免除菜青虫、小菜蛾、甘蓝夜蛾、斜纹夜蛾、黄曲跳甲、猿叶虫、蚜虫等多种害虫的为害。据试验,防虫网对菜青虫、小菜蛾、美洲斑潜蝇防效为94%～97%,对蚜虫防效为90%。

(2)防病　病毒病是苦瓜的灾难性病害,主要是由昆虫特别是白粉虱传病。由于防虫网切断了害虫这一主要传毒途径,因此可大大减轻苦瓜病毒的侵染,防效为80%左右。

3. 网目选择　购买防虫网时应注意孔径。在苦瓜生产上使用的防虫网以25～40目为宜,幅宽1～1.8米。白色或银灰色的防虫网效果较好。防虫网的主要作用是防虫，其效果与防虫网的目数有关，目数即在 25.4 毫米见方的范围内有经纱和纬纱的根数，目数越多，防虫的效果越好，但目数过多会影响通风效果。防虫网的目数是关系到防虫性能的重要指标，栽培时应根据防止害虫的种类进行选用，一般在苦瓜生产中多采用 25～40 目的防虫网。使用防虫网一定要注意密封，否则难以起到防虫的效果。

4. 覆盖形式 因夏季害虫多，日光温室前部和通风天窗最好安装 25～40 目的防虫网（图 1-10），这样，既有利于通风，又可以防虫。为提高防虫效果，必须注意以下两点：一是全生长期覆盖。防虫网遮光较少，无须日盖夜揭或前盖后揭，应全程覆盖，不给害虫有入侵的机会，才能收到满意的防虫效果。二是土壤消毒。在前作收获后，要及时将前茬残留物和杂草清出温室集中烧毁。全温室喷洒农药灭菌杀虫。

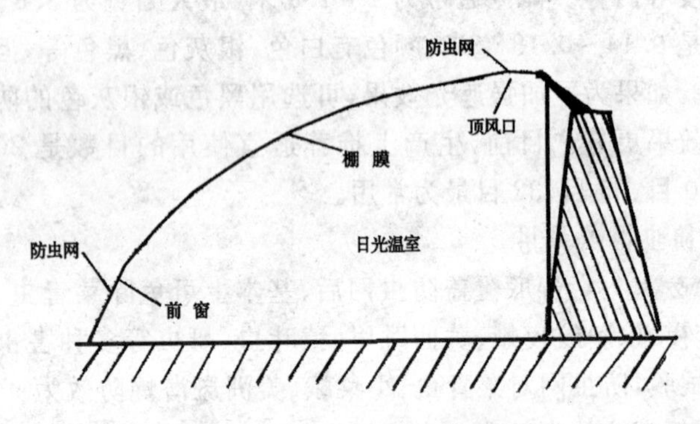

图 1-10　日光温室防虫网覆盖方式

（九）遮阳网

遮阳网又称遮荫网、遮光网、寒冷纱或凉爽纱，是以聚烯烃树脂作基础原料，并加入防老化剂和其他助剂，熔化后经拉丝编织成的一种轻型、高强度、耐老化的新型网状农用塑料覆盖材料。

1. 遮阳网种类　常用的遮阳网有黑色、银灰色、黄色、蓝色、绿色等多种，以黑色、银灰色最普遍。黑色遮阳网的遮光度较强，适宜酷暑季节覆盖。银灰色的透光性较好，有避蚜和预防病毒的作用，适用于初夏、早秋季节覆盖。

遮阳网一般的产品幅宽为0.9～2.5米，最宽的达4.3米，目前以1.6米和2.2米幅宽的使用较为普遍。

2. 主要功用

(1)降低温室内气温及土温，改善田间小气候　使用遮阳网可显著降低进入日光温室内的光照强度，有效地降低热辐射，从而降低气温和地温，改善苦瓜生长的小气候环境。一般使用遮阳网可使日光温室内的气温较外界降低2℃～3℃，同时可有效地避免强光照对苦瓜生产的危害。据测定，高温季节可降低畦面温度4.59℃～5℃，在炎热夏天最大降温幅度为9℃～12℃。

(2)改善土壤理化性　雨季菜地经常变板结，但用遮阳网能保持土壤良好的团粒结构和通透性，增加土壤氧气含量，有利于根系的深扎和生长，促进地上部植株生产，达到增产的目的，还能使雨天直播或育苗的种子出土良好。

(3)遮挡雨水　能防止大暴雨直接冲刷畦面，减少水土流失，保护植株和幼苗叶片完整，提高商品率和商品性状。据测试，采用遮阳网覆盖后，暴雨冲击力比露地栽培减弱98%，降水量减少13.29%～22.83%。

(4)减少土壤水分蒸发　保持土壤湿润，防止畦面板结。据调查，覆盖遮阳网后，土壤水分蒸发量比露天栽培减少60%以上。

(5)避害虫、防病害　据调查，遮阳网避蚜效果达88.8%～100%，对苦瓜病毒病防效为89.8%～95.5%，并能抑制苦瓜多种病害的发生和蔓延。

3. 选用遮阳网的原则　①苦瓜为喜温中、强光性蔬菜，夏秋季生产，根据光照强度选用银灰网或选用黑色 SZW-10 等遮光率较低的黑色遮阳网；避蚜、防病毒病，最好选用 SZW-12、SZW-14 等银灰网或黑灰配色遮阳网覆盖。②夏秋季育苗或缓苗短期覆盖，多选用黑色遮阳网覆盖。为防病毒病，亦可选用银灰网或黑灰配色遮阳网覆盖。③全天候覆盖的，宜选用遮光率低于 40% 的网，或黑灰配色网覆盖。

4. 日光温室覆盖方式 日光温室覆盖是指在温室棚体上覆盖遮阳网的覆盖方式。覆盖方式主要以顶盖法和一网一膜两种方式为主。顶盖法是指在日光温室的二重幕支架上覆盖遮阳网；一网一膜覆盖方式是指覆盖在日光温室上的薄膜，仅揭除围裙膜，顶膜不揭，而是在顶膜外面再覆盖遮阳网。在寿光地区大多采用一网一膜覆盖方式。

遮阳网覆盖栽培的技术原则是：看天、看作物灵活揭盖；晴天时白天盖，夜间揭；阴天时全天不盖。30℃以上温度，一般从上午 8 时至下午 4 时覆盖。

（十）温度表

温度表是日光温室苦瓜生产中必不可少的重要工具，菜农须通过它上面显示的温度来确定关闭通风口、放草苫的时间。一旦上面显示的有误差，对苦瓜管理会造成很大影响。只有正确悬挂才能准确测定温室内温度。

1. 确定悬挂的位置 很多日光温室里温度表悬挂的位置很乱，大部分悬挂在温室后通风口下面，还有悬挂在温室前脸处的，这两种做法都是不正确的。悬挂在通风口下面，此处通风时，外界的冷空气进入温室内，直接造成后部温度快速降低，温度变化频繁，极不稳定；还有温室后墙上温度变化快，根本不能准确反映苦瓜生长空间的温度；而悬挂在温室前脸处，此处地温较低，与外界接触面大，散热较快，气温比较低，若温度表悬挂在此，数据也不准确。正确的悬挂位置是在温室中部，此处距离墙体、通风口等容易进风的地方都较远，能显示出准确的温度。

2. 温度表悬挂高度要随着苦瓜高度变化　大多数菜农在悬挂上温度表后，一般都不再挪动它，这也是不正确的。温度表的悬挂高度需要随植株高度不断调整，以准确反映植株生长点附近的温度。如果植株高度已超过挂温度表的高度，还不调整温度表的高度，这样温度表就藏在植株顶部之下，测出来的温度就会偏低。若根据温度表上显示的温度来管理苦瓜的话，苦瓜生长很难正常。因此，温度表应悬挂在植株生长点下 10 厘米处，并要随着苦瓜的生长随时调节温度表悬挂的高度，这样才能测出准确的温度，菜农朋友可据此在生产管理中采取相应的措施。

第二章 苦瓜新优品种选择

一、寿光长绿苦瓜

【品种来源】 寿光菜农筛选的适宜日光温室栽培的长果型优质苦瓜品种。

【特征特性】 植株攀缘生长，生长势强，分枝性强，叶掌状5裂。第一雌花着生于第五至第十叶节左右，此后连续2～3叶节或每隔3～4叶节出现1朵雌花。瓜长筒形，长70～80厘米，横径5.4～6.5厘米，外皮绿色，密布瘤状突起；肉厚0.8～1厘米，质脆嫩，味微苦，品质好。单瓜重450～750克。早中熟。耐热、耐肥，抗病性强。较稳产、高产。结瓜期枝蔓繁茂而不衰。利用日光温室反季节栽培，供瓜期长达6～7个月。每667平方米产量高达1万多千克。

【适作茬口】 越冬、早春和秋延迟栽培。

二、寿光中长绿苦瓜

【品种来源】 寿光菜农筛选的适宜日光温室栽培的中果型优质苦瓜品种。

【特征特性】 植株长势壮旺，分枝力强，以侧蔓结果为主。果实硕大，近圆柱状，果色浅绿，光鲜亮泽，条瘤粗直，瓜条整齐匀称，商品性极好。果长30～35厘米，横径7～8厘米，商品瓜重300～500克。果肉丰厚、致密，耐贮运，品质优。属早熟品种。

【适作茬口】 越冬、越夏、早春和秋延迟栽培。

三、夏雷苦瓜

【品种来源】 由华南农业大学园艺系育成的常规优良苦瓜品种。

【特征特性】 在山东省寿光市，菜农们多称其为“短绿”苦瓜。该品种植株攀缘生长性强，主、侧蔓均能结瓜，分枝性强，侧蔓多，单株结瓜数多。瓜长筒形，长 16～20 厘米，横径 4.2～5.4 厘米，单瓜重 150～250 克，最大的可达 250 克以上。果面翠绿，有光泽，具有密而大的瘤状条纹。果肉厚，品质中等，苦味适中，商品瓜优品率高。较耐贮运。中熟。耐热、耐涝。对枯萎病有较强的抗性。持续结瓜期长，不早衰。

【适作茬口】 既适应于越夏和夏秋季栽培，又适于日光温室反季节秋冬茬和越冬茬栽培。

四、绿人苦瓜

【品种来源】 引自台湾农友公司。

【特征特性】 根系发达，喜温、不耐渍，茎较强，分枝力强。叶为掌状浅裂叶，绿色，光滑无毛，花单生，侧蔓 1～2 节即生雌花，以后每隔 3～7 节再生雌花。果实为纺锤形，果皮有许多瘤状突起，绿色。属早熟品种。绿人苦瓜果皮光滑，绿皮有光泽。

【适作茬口】 既适应于越夏和夏秋季栽培，又适于日光温室反季节秋冬茬和越冬茬栽培。

五、大顶苦瓜

【品种来源】 广东省广州市地方品种。

【特征特性】 植株攀缘生长，分枝力强，叶掌状，5～7深裂。主蔓第八至第十四叶节着生第一雌花，以后每隔3～6叶节着生一雌花。瓜短圆锥形，长约20厘米，肩宽11厘米左右；外皮青绿色，具不规则的瘤状突起，较少苦味，品质优良。单瓜重250～600克。耐热，耐肥，适应性强，但不耐涝。春、夏、秋三季均可种植。

【适作茬口】 适于日光温室秋冬茬栽培。

六、长身苦瓜

【品种来源】 广东省广州市地方品种。

【特征特性】 植株攀缘生长，分枝力强，叶近圆形，掌状5～7深裂。单性花，雌雄同株。主蔓第十六至第二十二叶节着生第一雌花，此后每叶节隔一叶着生一雌花。瓜长筒形，有纵沟纹与瘤状突起，长约30厘米，横径5厘米左右，外皮绿色，肉厚约0.8厘米，肉质较硬，味甘苦，品质好。单瓜重250～600克。较耐寒，耐瘠薄，具较强抗逆性。耐贮运。

【适作茬口】 适于日光温室越冬茬或冬春茬栽培。

七、精选槟城苦瓜

【品种来源】 广东省从新加坡引进的优良品种。

【特征特性】 中早熟。植株蔓生，生长势强，分枝多。主蔓第十节左右开始着生第一雌花，以后每隔3～5节着生雌花。果实30厘米×8厘米大小，果面有明显棱及瘤状突起，瓜皮绿色有油亮光泽。老熟时为黄色。瓜质地细实，微苦。植株抗逆性强，耐热。适应性也较强。日光温室栽培的产量与云南大白苦瓜不相上下。延长持续结瓜期，增肥水供应，每667平方米产量可达1万千克以上。

【适作茬口】　既适应于越夏和夏秋季栽培，又适于日光温室反季节秋冬茬和越冬茬栽培。

八、广西大肉1号苦瓜

【品种来源】　广西农业科学院蔬菜研究中心育成的优良苦瓜新品种。

【特征特性】　早中熟，耐湿、耐热，抗病性强，长势旺盛，分枝力强，主、侧蔓均结果。果实长纺锤形，顶端较钝，果皮浅绿色，条纹粗直，果肉厚实，苦味适中，长28～35厘米，横径10～12厘米，单瓜重500～1000克。利用日光温室反季节保护栽培，可延长持续结瓜期。若早春采用阳畦育苗，在小拱棚内于3月份定植，5月份撤去小拱棚转入露地栽培，6月上旬至10月中旬供果。

【适作茬口】　既适应于越夏和夏秋季栽培，又适于日光温室反季、秋冬茬和越冬茬栽培。

九、广西大肉2号苦瓜

【品种来源】　从广西大肉苦瓜中选择变异植株，经系统育种法选育而成的早熟品种。

【特征特性】　生育期长势强盛，抗病性强，耐湿热，结瓜位低，主、侧蔓均结果。果实纺锤形，果皮淡绿色，条纹粗直，肉色好，果肉厚，肉质嫩滑，苦味中等，瓜长25～30厘米，横径9～13厘米，单瓜重450～800克。露地栽培与日光温室保护地栽培的产量水平，均与广西大肉1号苦瓜相近。但该品种熟性早，品质好于广西大肉1号苦瓜。

【适作茬口】　既适应于越夏和夏秋季栽培，又适于日光温室反季秋冬茬和越冬茬栽培。

十、扬子洲苦瓜

【品种来源】 江西省南昌扬子洲地方品种。

【特征特性】 植株蔓生，生长势强，分枝力强，每叶腋均能发生侧枝，侧枝腋芽又发生侧蔓。叶片掌状，5～7深裂，较薄，叶面光洁无毛，黄绿色。花黄色，花柄较细，中部有盾状绿色苞片，主蔓11～18节左右开始着生第一雌花。果实棒槌形，先端渐大略扁，长40～57厘米，果面瘤状突起大而稀，有几道纵突纹。瓜皮淡绿色，肉厚，微苦，色泽光亮。老熟瓜橙红色，单瓜重750克左右，最大可达1 500克。植株抗逆性强，耐热，耐湿润。中熟，生育期200天左右。延长持续结瓜期，增加肥水供应，每667平方米产量可达6 000～7 000千克。

【适作茬口】 既适应于越夏和夏秋季栽培，又适于日光温室反季节秋冬茬栽培。

十一、玛雅018

【品种来源】 东方正大种子公司根据山东省需要育成的杂交品种。

【特征特性】 果皮嫩绿色，刺瘤多密圆润无尖，油亮有光泽，果形棒状顺直，尾部钝圆，果长35～40厘米，果径5～6厘米，果肉厚，果腔小，单瓜重500克以上，硬度大，耐贮运。高抗病，极耐花叶病毒病、白粉病。定植后45天左右即可采收，不早衰，可持续采果6个月以上，产量极高。

【适作茬口】 适于日光温室反季节秋冬茬和越冬茬栽培。

十二、滑身苦瓜

【品种来源】 广东省广州市地方品种。

【特征特性】 植株攀缘生长，分枝力强。叶近圆形，掌状5～7裂。花单性，雌雄同株。主蔓第六至第十二叶节着生第一雌花，此后每隔3～6叶节着生一雌花。瓜长圆锥形，有整齐的纵沟条纹和相间的瘤状突起，长约24厘米，肩宽7厘米左右；外皮青绿色，有光泽；肉厚1.2厘米左右，味微苦，品质好。单瓜重250～300克。较耐热，适应性强。果实较硬，耐运输。

【适作茬口】 春、夏、秋三季均可栽培。

十三、早绿苦瓜

【品种来源】 广东省农业科学院蔬菜研究所培育的优良品种。

【特征特性】 植株生长势旺盛，分枝力强，单株结果数多。果实长圆锥形，商品瓜长28厘米左右，横径约6.5厘米，单瓜重380克，果肉厚，耐贮运。色泽油绿亮丽，果形端正美观、商品性好。前期产量高且集中，早熟性突出。中抗枯萎病和白粉病，田间表现轻感霜霉病、炭疽病和疫病。耐热性、耐寒性、耐涝性均较强。丰产性好。

【适作茬口】 既适应于越夏和夏秋季栽培，又适于日光温室反季节秋冬茬和越冬茬栽培。

十四、夏丰苦瓜

【品种来源】 广东省农业科学院蔬菜研究所选育成的苦瓜杂

交一代种。

【特征特性】 植株生长强健，分枝力中等，主蔓第一雌花着生节位低。果实长圆棒形，长 20～30 厘米，横径 3～7 厘米，单瓜重 200～400 克。瓜肉较肥厚，浅绿色。果实表面的瘤状突起与条状圆瘤相间。该杂交种适应性强，生育期较短，露地春播全生育期(从播种至始收果达生理成熟)160～170 天，夏播 140～150 天，一般每 667 平方米产商品嫩瓜 2 000～3 000 千克。寿光市菜农采用该杂交种于日光温室保护地反季节套种(套栽)，一般在 10 月中旬套种在秋冬茬黄瓜或越冬茬西葫芦株行间，每 667 平方米温室套种 230 棵左右，翌年 2 月下旬至 3 月上旬黄瓜或西葫芦拉秧后，夏丰苦瓜此时进入开花坐瓜和植株生长发育旺盛期。此时对其追肥、浇水、理蔓平架，使持续结瓜期延至 10 月中下旬，一般每 667 平方米产嫩瓜 1 万千克以上。

【适作茬口】 既适应于越夏和夏秋季栽培，又适于日光温室反季节秋冬茬和越冬茬栽培。

十五、月　华

【品种来源】 台湾农友种苗公司育成的杂交一代白皮苦瓜良种。

【特征特性】 植株强健，结果力强。熟性早。果实长约 26 厘米，果径粗约 8.5 厘米，果腰较丰满，单果重约 600～700 克，属大果型品种。果肉厚，品质优，果色洁白，遮光后皮色更为洁白、娇艳，故有“白玉苦瓜”之称。结果多，产量高。商品性好，为市场上压倒性流行品种。该杂交一代良种适应范围广，全国各地均可栽培。但苦瓜耐肥不耐瘠薄，耐湿不耐干旱，故应选择肥水供应条件好的土地栽培。

【适作茬口】 适宜于北方地区日光温室反季节栽培。

十六、吉安白苦瓜

【品种来源】 江西省吉安县农家优良品种。

【特征特性】 根系发达，分枝力强，每叶腋都有侧蔓发生，主蔓和侧蔓均能结瓜。叶片掌状深裂，淡绿色。单生花，花黄色，雌雄同株异花，花柄较细长，中部有盾状绿色苞叶。一般主蔓第十一至第十五节或侧蔓第三至第四节开始发生雌花。瓜条长 45～60 厘米，横径 7～8 厘米，在苦瓜中该品种属大果品种。瓜面瘤状突起大而稀，果实中部有几条明显突起的纵棱。商品嫩瓜乳白色微带淡绿色，老熟的瓜橙红色并自行开裂。瓜肉肥厚多汁，单瓜重 1 000～1 500 克。抗病性强，结瓜期枝蔓繁茂而不衰。利用日光温室反季节栽培，供瓜期长达 6～7 个月，每 667 平方米产量高达 1 万余千克。

【适作茬口】 既适应于越夏和夏秋季栽培，又适于日光温室反季节秋冬茬栽培。

十七、蓝山大白苦瓜

【品种来源】 由湖南省蓝山市育成，蓝山市郊区有栽培。

【特征特性】 植株攀缘生长，分枝性强，叶掌状 5 裂，主蔓第十至第十二叶节着生第一雌花，此后可连续或隔一叶节着生一雌花。瓜长圆筒形，长 50～70 厘米，最长 90 厘米，横径 7～8 厘米，最大 10 厘米，外皮乳白色，有光泽，并具大而密的瘤状突起，品质优良。单瓜重 0.75～1.75 千克，最大的 2.5 千克以上。抗病力极强，适应性很广，丰产。

【适作茬口】 适于春、夏季露地栽培。

十八、北京白苦瓜

【品种来源】 北京市地方品种。

【特征特性】 植株生长势旺盛，茎粗叶大，分枝力强，侧枝多，株高 2～3 米。叶为掌状，7 裂，裂刻深，叶色深绿。果实为长纺锤形，一般长 30～40 厘米。表皮有棱及不规则的瘤状突起，外皮白绿色，有光泽，老熟时皮转为红黄色。果肉较厚，呈白色或白绿色，肉质脆嫩，苦味适中，清香爽口，品质优良。单瓜重为 250～300 克，中熟，耐热，耐寒，适应性强。

【适作茬口】 既适应于越夏和夏秋季栽培，又适于日光温室反季、秋冬茬栽培。

十九、春 帅

【品种来源】 湖南省蔬菜研究所培育，2007 年 2 月通过湖南省种子管理站品种登记。

【特征特性】 春帅为早熟品种，播种至开始采收 75 天左右；植株蔓生，生长势中等，分枝力强，节间较短，蔓长 3.5 米左右，主、侧蔓均可结瓜。第一雌花节位为第十至第十二节；果实长圆筒形，果皮白色，半突瘤，果长 28～30 厘米，横径 50 米，肉厚 0.85 厘米，味苦，单果重 400 克左右。对白粉病和疫病有较强抗性。

【适作茬口】 保护地早春栽培。

二十、云南大白苦瓜

【品种来源】 云南省地方苦瓜品种。

【特征特性】 茎蔓生，五棱。叶色浓绿，被茸毛。果实长形，表面有瘤状突起，表皮白色，洁白似玉；果长约40厘米，横径4～5厘米，单瓜重300～400克。成熟期中等，果实质地脆嫩，味清甜略苦，品质佳。抗病力较强，抗热、耐湿性强。在华北及山东地区，多用于温室保护地栽培，很少露地栽培。其产量表现与北京白苦瓜不相上下，但较北京白苦瓜晚熟。

【适作茬口】 既适应于越夏和夏秋季栽培，又适于日光温室反季节秋冬茬栽培。

第三章　日光温室苦瓜育苗技术

一、苦瓜穴盘育苗技术

（一）穴盘选择

穴盘是按照一定的规格制成的带有许多小圆形或方形孔穴的塑料盘，大小多为 52 厘米×28 厘米，盘上有 32、40、50、72、105、128、162、200、288 穴，小穴深度 3～10 厘米，塑料壁厚度为 0.85～1.05 毫米。苦瓜穴盘育苗宜选用 72、105、128 穴穴盘。

（二）基　质

穴盘育种时常采用轻型基质。可作为苦瓜育苗基质的材料有珍珠岩、蛭石、草炭土、炉灰渣、沙子、炭化稻壳、炭化玉米芯、发酵好的锯末、甘蔗渣、栽培食用菌废料等。这些基质可以单独使用，也可以几种混合使用。草炭系复合基质的比例是：草炭 30%～50%、蛭石 20%～30%、炉灰渣 20%～50%、珍珠岩 20%左右；非草炭系复合基质的比例是：棉籽壳 40%～80%、蛭石 20%～30%、糠醛渣 10%～20%、炉灰渣 20%、猪粪 10%。为了充分满足幼苗生长发育的营养需要，可以在基质中适当地加入复合肥 1～1.5 千克/米^3。

（三）消毒灭菌

基质、穴盘、播种用具和设施、场地等要消毒灭菌。

1. 保护设施消毒灭菌　整个保护设施使用前要用高锰酸

钾＋甲醛消毒，按 2 000 立方米温室标准，用 1.65 千克甲醛加入 8.4 升开水中，再加入 1.65 千克高锰酸钾，产生烟雾，封闭 48 小时打开，散尽气味。

2. 拌料场地消毒灭菌　拌料场地使用前宜使用高锰酸钾 2 000倍液或 70%甲基硫菌灵可湿性粉剂 1 000 倍液喷洒灭菌。

3. 穴盘和用具消毒灭菌　穴盘和其他用具使用前用高锰酸钾 2 000 倍液浸泡 10 分钟，捞起用清水冲洗干净，晾干。

4. 基质消毒灭菌　如果是首次使用的干净基质，一般可不进行消毒。重复使用的基质则最好进行消毒处理，一种方法是用 0.1%～0.5%的高锰酸钾溶液浸泡 30 分钟后，用清水洗净；另一种方法是用福尔马林 100 克对水 300 克，均匀喷洒在基质上，将基质堆起密闭 2 天后摊开，晾晒 15 天左右，待药味挥发后再使用。

（四）播　种

1. 种子选择　首先，选择种子要保证选准，不但要适合于本茬口栽培，而且要适合于本地区栽培。如果引种本地区没有种过的品种，一定要事先经过小面积的试种，表现好后再大面积推广。同时，还要注意当地消费种植习惯对品种的要求。其次，播种前最好测验一下所购种子的发芽势和发芽率。简单的发芽势计算是苦瓜催芽 3 天内的种子发芽百分数。发芽势强的种子出苗迅速、整齐。发芽率是一定量的种子中发芽种子的百分率。苦瓜发芽率一般是指催芽 7 天内种子的发芽百分数，发芽率达 90%以上才符合播种要求。

2. 种子消毒　苦瓜种子表面甚至内部常常带有炭疽病、细菌性角斑病、枯萎病和疫病等多种病原菌，如果用带有病菌的种子播种，很有可能导致幼苗或成株发病。所以播种前的种子消毒是十分必要的。

种子消毒的方法主要有 4 种，可根据病害的发生情况选择其一。①温汤浸种。将选好的种子整理干净，投入55℃～60℃的热水中烫种，热水量为种子量的4～5倍，并不停地搅拌种子。当水温下降时，再加入热水，使水温始终保持在55℃以上，15分钟后把种子从水中捞出，置入30℃温水中再浸泡4～6小时，保证种子吸足水分，然后将种子反复搓洗，用清水冲净黏液后晾干再催芽。该方法可杀死黑星病、炭疽病、病毒病和菌核病的病原菌。注意浸种时在容器内放置一个温度计随时观察水温状况。②药剂浸种。把种子放入清水中浸泡2～3小时，再把种子放入福尔马林100倍液或高锰酸钾800倍液中，浸泡20～25分钟后再用清水清洗干净后催芽，可防止苦瓜枯萎病和黑星病的发生。③恒温处理。把干种子置于70℃恒温处处理72小时，经检查发芽率后浸种催芽，可防治病毒病和细菌性角斑病。④生物菌剂拌种。将种子浸湿或催芽露白后，选用益微菌剂(300亿个/克芽孢杆菌)，每200克种子用益微菌剂20克左右，将菌剂撒入种子中翻动数次，稍晾即可播种。该方法属于生物防治技术，以菌治菌，可防治苗期立枯病、猝倒病以及定植后的枯萎病、根腐病等多种病原杂菌。

3. 催芽 由于苦瓜种子壳厚而硬，如果采用常规恒温催芽，出芽缓慢、发芽率低，故应改用袋装变温催芽，这样不仅可使种子出芽加快，而且发芽率高。具体做法是：先将处理好的种子晾干，用钳子磕开种子尖，装入小纱布袋，然后放入备好的塑料袋中，把袋口扎好密封，放在相应的热源处，在33℃～35℃下处理10～12小时，在28℃～30℃下处理12～14小时，而后结合调温，松开袋口换气1次即可。在催芽过程中要保证塑料袋的容积是种子体积的20～30倍，使袋内有充足的空气(氧气)。塑料袋保持密封，维持袋内壁凝聚小露珠。若种子表面黏液较多，要及时冲洗擦干，以利于透气。一般3天内发芽率即可达80.9%，4天内几乎全部出芽，较常规方法出芽快3～4天，发芽率高42%。

4. 基质装盘 将备好的基质装入穴盘中，用刮平板从穴盘的一端向另一端刮平，使每个穴孔基质平满。

5. 播种 用压穴器对准每个穴孔的中心位置，均匀用力压下，使每个穴孔中央形成深0.5厘米的播种穴，逐盘压穴。逐穴播种，每穴播种一粒种子，种子位于播种穴中央。播种后覆盖，低温季节宜用蛭石覆盖，高温季节宜用珍珠岩覆盖。覆盖后再用刮平板刮平。将覆盖好的穴盘置于苗床上，浇透水。

（五）苗床管理

1. 温度管理 苦瓜种子发芽和苗期生长的最适温度和高产栽培要求的温度不完全相同，下面从苦瓜高产栽培的角度说明苦瓜育苗阶段所需的适宜温度，供菜农朋友在生产中参考应用。

（1）第一阶段 即从播种到开始出苗，应控制较高的床温，促进快出苗。一般床温为25℃～30℃，约2天开始出苗。此期间苗床温度最低为12.7℃，最高为40℃。

（2）第二阶段 从出苗到第一片真叶显露，称为破心。此期要及时降温，控制较低的温度，一般白天为20℃～22℃，夜间为12℃～15℃。避免温度高，尤其是夜间温度偏高，将使胚轴发生徒长，成为"长脖苗"。

（3）第三阶段 即从破心到定植前7～10天。此期温度要适宜，白天可保持在20℃～25℃，夜间在13℃～15℃，以利于雌花分化且降低雌花节位。

（4）第四阶段 即定植前7～10天，应进行低温锻炼，以提高苦瓜秧苗的适应能力和成活率。一般白天为15℃～20℃，夜间为10℃～12℃。

由于不同季节外界环境条件的限制，苦瓜育苗不可能都达到最适温度，但应当采取各种有效措施，使苗床温度不要超出苦瓜所能承受的极限温度。冬季育苗可以采取铺地热线、日光温室内加盖小拱棚等措施，使苗床的夜温不低于10℃，短时间不低于8℃；

夏季通过盖遮阳网等方法，使苗床的最高气温控制在35℃以内，短时间不超过40℃。

2. 光照管理 早熟栽培在低温、短日照、弱光时期育苗，光照不足是培育壮苗限制因素。生产上可明显地看到：在光照充足的条件下，幼苗生长健壮，茎节粗短，叶片厚，夜色深，有光泽，雌花节位低而且多；而在弱光下生长的幼苗，常常是瘦弱徒长的弱苗。

为增加光照，要经常保持覆盖物的清洁，草苫要早揭晚盖，日照时数控制在8小时左右，在要求满足温度的条件下，最好在早晨8时左右揭开草苫，下午5时左右盖上草苫。阴天也要正常揭盖草苫，以尽量增加光照的时间。如果连续阴雨天不揭开草苫，幼苗体内的养分只是消耗而没有光合产物的积累，会使幼苗发生黄化徒长，甚至死亡。

3. 水分管理 苗期保持基质的湿度，有利于雌花的形成。要根据基质湿度、天气情况和秧苗大小确定浇水量。穴孔内基质相对含水量一般为60%～100%，不宜低于60%，更不要等到秧苗萎蔫再浇水。阴天和傍晚不宜浇水。

秧苗生长初期，基质不宜过湿，秧苗子叶展平前尽量少浇水；子叶展平后供水量宜少，晴天每天浇水、少量浇水和中量浇水交替进行，保持基质见干见湿；秧苗两叶一心后，中量浇水与大量浇水交替进行；需水量大时可以每天浇透；出圃前的3天，适当减少浇水。

在遵循浇水原则的前提下，高温季节浇水量加大甚至每天浇2次水，低温季节浇水量要减小。灌溉用水的温度为20℃左右，低温季节水温低时应当先加温再浇。每次浇水前应先将管道内温度过高或过低的水排放干净。

4. 施肥 如果配制基质时已施入充足的肥料，整个苗期可不用再施肥。如果发现幼苗叶片颜色变淡，出现缺肥症状时，可喷施少量质量有保证的磷酸二氢钾（如瑞士汽巴磷酸二氢钾），使用倍数为500倍液。在育苗过程中，切忌苗期过量追施氮肥，以免发生秧苗徒长而影响花芽分化。

高温季节育苗时，肥料浓度宜低。自子叶展平开始施肥，以氮肥浓度为指标，其浓度值为 70 毫克/千克。随着秧苗的生长逐渐增加浓度，至成苗时该浓度值为 140 毫克/千克。低温季节育苗时，肥料浓度宜提高 1 倍。

（六）苦瓜壮苗标准

日光温室苦瓜栽培一般用中龄苗定植，苗期 30～35 天，要求 3～4 片真叶 1 心；叶片较大，呈深绿色，子叶健全，厚实肥大；株高 15 厘米左右，下胚轴长度不超过 6 厘米，茎粗 5～6 毫米；根系发达，较密、白色，没有病虫害。如果株高超过 17 厘米，茎粗小于 5 毫米，节间长，叶片薄而色淡，刺毛软，根系稀疏，则为典型的徒长苗。如果株高低于 13 厘米，茎粗小于 5 毫米，叶片小而色深，节间很短，近生长点叶片抱团，则为老化苗或僵苗。在定植时必须淘汰徒长苗和老化苗、僵苗。

（七）病虫害防治

主要病害是猝倒病、立枯病、霜霉病和病毒病。虫害为蚜虫、白粉虱。

1. 猝倒病、立枯病防治　播种前进行基质消毒，控制浇水，浇水通风，降低空气湿度；缓苗期夜温不低于 10℃，发病初期喷洒百菌清 800 倍液、多菌灵 1 000 倍液、代森锌 800 倍液，每隔 5～7 天喷 1 次，连喷 2～3 次。

2. 疫病防治　播种前用福尔马林 100 倍液进行种子处理 10 分钟，发病初期喷施百菌清 800 倍液、代森锌 800 倍液、波尔多液 1 500 倍液。每隔 7～8 天喷 1 次，连喷 2～3 次。

3. 病毒病防治　在夏季高温干旱的条件下，加上蚜虫的为害，易发生病毒病。防治方法是播种前用 10%磷酸三钠浸种 20

分钟，取出冲洗干净。在苗期注意遮荫降温，保持土壤湿润。

4. 蚜虫 主要喷吡虫啉2 000倍液、啶虫脒3 000倍液，还可用灭蚜烟雾剂进行熏烟，效果比直接喷药好。

5. 白粉虱 可喷施异丙威噻嗪酮3 000倍液、烯定虫胺4 000倍液，还可用黄板诱蚜。

(八)采取多项措施促进苦瓜多形成雌花

苦瓜雌花出现的早迟和多少，直接影响着产量的高低，尤其是苦瓜雌花节位愈低，雌花开花愈多，早期产量就愈高。而苦瓜雌花的形成除与品种自身特性和营养状况有关外，在很大程度上受苗期温度、光照、水分、营养和气体以及激素等条件的制约。改善和调节好苗床小气候，是促进苦瓜多开雌花、多结瓜、早上市的重要措施。

1. 温度 苦瓜进行花芽分化时白天温度应保持25℃左右，以利于光合作用的进行；夜间将温度降至13℃～15℃，以抑制呼吸消耗，有利于苦瓜体内营养物质的积累，能明显地增加雌花数量和降低节位；反之，夜间温度高，昼夜温差小，秧苗徒长，有利于雄花的形成。但夜间温度也不能降得太低，12℃以下的低温会使瓜苗生理失调，导致生长缓慢或停止生长。地温以18℃～20℃为宜。因此，苗期温度管理最好采用变温法。

2. 光照 苦瓜属短日照植物，缩短光照有利于早形成雌花，在降低夜间温度的同时缩短日照时数，可增加雌花数量和降低雌花节位。育苗期间给予8小时的光照，对雌花的形成最为有利。每天给予5～6小时的光照，虽然有利于雌花的发育，但是对苦瓜幼苗生长不利。12小时以上的长日照有利于雄花的形成。日光温室冬春季育苗，每天光照只有8小时左右，同时夜间温度也较低，正符合雌花形成的条件。

3. 水分 苦瓜雌花分化要求较高的空气相对湿度和基质湿

度，基质和空气相对湿润有利于形成雌花，而干旱则利于雄花的形成。基质和空气湿度在80%时，有利于雌花的形成，过高或过低均会减少雌花的数量。

4. 营养　基质肥沃，氮磷钾配合适当，多施磷肥可降低雌花节位，多形成雌花；而钾肥能促进形成雄花，不能多施，要适量。

5. 气体　大气中氧的平均含量为20.97毫升/米^3，基质内氧的含量因各种性状而不同。苦瓜要求基质透气性良好，不耐基质2%以下的含氧量，以10%左右为宜，因此苦瓜需要多施有机肥料。在基质过湿或板结的情况下，基质呈还原状态，会形成有毒物质，影响根系的活动，病害也容易发生，所以要注意基质的排水和中耕。

基质中二氧化碳的含量和氧相反，浅层要比深层内含量少。空气中二氧化碳的含量为300毫升/米^3，在苗期增加空气中二氧化碳的浓度，不仅可抑制瓜苗呼吸作用，还可提高光合效率，有利于雌花形成。如果二氧化碳含量增至1 500～2 000毫升/米^{3}以上时，苦瓜叶的同化量便会大大提高。由此可见，空气中二氧化碳的含量远远不能满足苦瓜光合作用的需要，应该设法加以补充，增施充分腐熟的有机肥料，也可在有保护设施的条件下增施二氧化碳气肥以及加强通风等。

6. 激素　对苦瓜性型有影响的激素有乙烯利、萘乙酸、2,4-D、吲哚乙酸、矮壮素等，它们对苦瓜都有促进雌花分化的作用。乙烯利在生产上较为多用。育苗条件不利于雌花形成时，用乙烯利处理效果明显，但乙烯利有抑制生长的作用，使用时应慎重。冬春茬育苗时，因昼夜温差大，日照较短，对雌花形成有利，一般不需用乙烯利处理；秋苦瓜育苗时，因温度高，日照长，昼夜温差小，可在第一片真叶展开后，喷施150～200毫克/千克乙烯利溶液，能增加雌花数量和降低雌花节位。

上述温、光、水、气等的小气候调节，应在子叶展开后的40天内进行，尤以幼苗子叶展开后的10～30天内处理效果最好。如处理过迟，雌、雄花已定型，就起不到促进早开、多开雌花的作用。

总之，要想在育苗期间多孕育雌花，并使之节位下降，为早熟丰产打下良好的基础，必须根据上述条件要求，采取相应的配套措施，这是培育壮苗以获得早产、高产的关键。

（九）正确识别与预防苦瓜"戴帽"苗

苦瓜育苗时经常出现"戴帽"出土现象，"戴帽"苗易形成弱苗，影响苗子质量。

1. 症状识别 苦瓜苗子出土后子叶上的种皮不脱落，俗称"戴帽"，秧苗子叶期的光合作用主要是由子叶来进行的，苗子"戴帽"使子叶被种皮夹住不能张开，因而会直接影响子叶的光合作用，还能使子叶受伤，造成幼苗生长不良或形成弱苗，这样的苗子定植后对后期植株的生长发育也有影响。

2. 发生原因 苗子"戴帽"是由多种原因造成的。种皮干燥，基质太干燥，致使种皮容易变干；出苗后，过早揭掉覆盖物或在晴天揭膜，致使种皮在脱落前已经变干；种子秕瘪，生活力弱等，均易产生"戴帽"苗。

3. 防治措施 不能播干种，要进行浸种处理，播种深度要均匀一致。加盖薄膜进行保湿，使种子从发芽到出苗期间保持湿润状态，幼苗刚出土时，如果基质过干，要立即用喷壶洒水；一旦发现"戴帽"苗要立即人工摘除。

二、苦瓜穴盘嫁接育苗技术

（一）苦瓜嫁接育苗主要的优点

1. 防病栽培 苦瓜嫁接育苗主要是为了预防土传病害。日光温室栽培苦瓜土传病害的发生日益严重，苦瓜的枯萎病更是普遍发生，常给苦瓜生产带来毁灭性损失。苦瓜枯萎病一般发病率为10%～50%，严重地影响产量和收益，使农民种植积极性受挫。苦瓜嫁接育苗，就是用抗病的砧木根系替换栽培苦瓜的根系，使栽培苦瓜不接触土壤，从而达到防病栽培的目的。

2. 提高土壤肥水利用率 嫁接苦瓜植株能够利用苦瓜砧木根系发达、吸收能力强的特点，提高土壤肥水的利用率，提高肥效，降低施肥量。

3. 增强苦瓜耐弱光照和低温能力 苦瓜温室反季节栽培存在两个主要问题：一是光照弱，不利于苦瓜的生长；另一个是土壤温度低，不能适应苦瓜对土壤温度的要求。根据黄瓜越冬茬和冬春茬栽培嫁接换根可提高抗寒能力的启发，寿光市蔬菜办进行苦瓜嫁接换根栽培试验获得了理想的效果。其具体做法是：砧木采用黑籽南瓜，嫁接后对植株和根系进行观察分析，根系表现明显的抗低温能力。而自根苗12℃地温条件下根系停止生长，有沤根现象。嫁接苗根系在地温为8℃时仍能缓慢生长，地温降至6℃时，根系停止生长，降至1℃地温时，才有沤根现象。植株的抗寒能力也明显增加，冬春季结果多，瓜的生长速度快，经济效益提高30%以上。

4. 提高产量 嫁接苦瓜的结果期比较长，产量高，增产比较明显，特别是低温季节增产效果较为显著。

（二）嫁接苦瓜选用砧木的依据

苦瓜嫁接栽培技术主要应用于日光温室苦瓜防病栽培中，要求所用嫁接砧木不仅抗病性能好，而且还不能降低苦瓜的品质。具体要求如下。

1. 高抗苦瓜土传病害 要求所用砧木对苦瓜枯萎病等高抗，并且抗病性稳定，不因栽培时期以及环境条件变化而发生改变。

2. 极耐低温弱光 苦瓜与砧木嫁接，就是利用它的根系，满足苦瓜在10℃左右低温条件下正常生长的需要，达到提早上市、提高产量和增加效益的目的。

3. 与苦瓜的嫁接亲和力和共生力强而稳定 要求砧木与苦瓜嫁接后，嫁接苗成活率不低于90%，并且嫁接苗定植后生长稳定，不出现中途“夭折”现象。

4. 不改变瓜的形状和品质 要求所用砧木品种与苦瓜嫁接后不改变瓜的形状和颜色，不出现畸形瓜。

此外，不影响植株的生长势，也不造成植株徒长。

(三)常用的砧木品种

1. 黑籽南瓜 根系强大，茎圆形，分枝性强。黑籽南瓜生长要求较低的温度，在较高的地温条件下生长发育不良。苦瓜嫁接通常是选用黑籽南瓜作砧木，其原因有3个：一是南瓜根系发达，入土深，吸收范围广，耐肥水，耐旱能力强，可延长采收期而增加产量。二是南瓜对枯萎病有免疫作用。三是南瓜根系抵抗低温能力强。苦瓜根系在温度为10℃时停止生长，而南瓜根系在8℃时还可以生长根毛。由于南瓜嫁接苗比自根苗素质高，生长旺盛，抗逆性强，前期产量和总产量均比自根苗显著增产。

2. 双依丝瓜 由台湾农友种苗公司培育。双依丝瓜不但亲和性良好，而且抗根结线虫能力强，苦瓜嫁接后生育强盛，结果早而多。双依丝瓜专作嫁接根砧之用，其果实不可食用。

(四)穴盘的选择

苦瓜嫁接育苗要选用标准穴盘。砧木播种选择72孔穴盘，接穗播种选择128孔穴盘。

(五)基 质

请参阅第三章"一、苦瓜穴盘育苗技术。"

(六)嫁接方法

苦瓜嫁接育苗所用的嫁接方法有靠接法、插接法和劈接法等。穴盘嫁接育苗多用插接法。其具体方法是:先去掉砧木苗的生长点,用一根光滑竹签从砧木子叶基部的一侧,向胚轴中斜插其尖端,至顶住砧木下胚轴的表皮为止,竹签插入砧木内的长度一般控制在0.5～0.7厘米。削接穗时,用左手托住苦瓜苗的两片子叶,将下胚轴拉直,右手拿刀片,从苦瓜子叶下1厘米处以30°角斜削一刀,把下胚轴大部分及根削掉,使接穗的下胚轴上的斜切面为0.5～0.7厘米长。随即从砧木中拔出竹签,将接穗的切面向下插入砧木顶心的小孔中,使两者切口密切结合,并将接穗与砧木的子叶着生的方向呈十字形(图3-1)。

插接法嫁接苦瓜须注意的是:砧木南瓜的播种日期可比苦瓜的播种日期提前3～5天,南瓜播种的种子粒距4厘米左右,不能播得太密,以防止出现高脚苗。苦瓜种子的粒距为1～2厘米。嫁接适宜形态为苦瓜苗子叶展平、砧木苗第一片真叶长到五分硬币大时,一般在南瓜播后12～13天进行。

(七)嫁接苗管理

嫁接苗成活率的高低与嫁接后的管理技术有着非常重要的关系,苦瓜嫁接苗管理的重点是为嫁接苗创造适宜的温度、湿度、光照及通气条件,加速接口的愈合和幼苗的生长。

1. 保温 嫁接苗伤口愈合的适宜温度为25℃左右。接口在低温条件下愈合很慢,将影响成活率。因此,幼苗嫁接后应立即放入拱棚内,苗子排满一段后,及时将薄膜的四周压严,以利于保温、

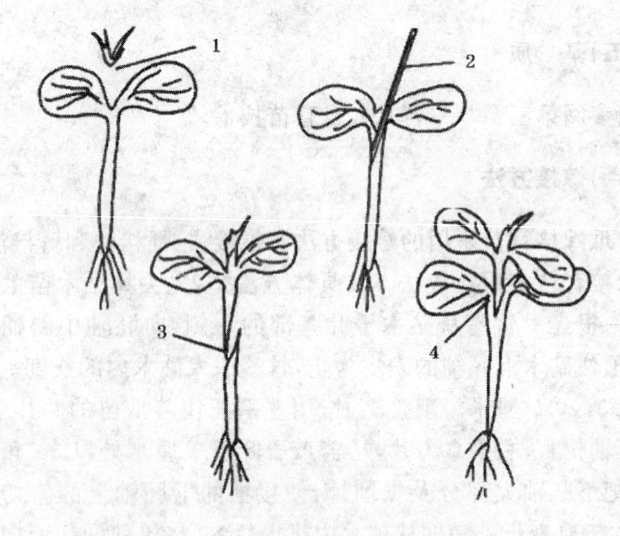

图 3-1　苦瓜插接过程

1. 去掉南瓜顶芽　2. 斜向插入竹签　3. 削切苦瓜接穗　4. 插上接穗

保湿。苗床温度的控制，一般嫁接后 3～5 天内。白天保持24℃～26℃，不超过 27℃；夜间为 18℃～20℃，不低于 15℃。3～5 天后开始通风，并逐渐降低温度，白天可降至 22℃～24℃，夜间降至 12℃～15℃。

2. 保湿　如果嫁接苗床的空气湿度比较低，接穗易失水引起凋萎，会严重影响嫁接苗成活率。因此，保持湿度是关系到嫁接成败的关键。嫁接后 3～5 天内，小拱棚内空气相对湿度控制在 85％～95％。营养钵内土壤湿度不要过高，以免烂苗。

3. 遮光　在棚外覆盖稀疏的草苫或遮阳网，避免阳光直接照射秧苗而引起接穗萎蔫，夜间还起保温作用。在温度较低的条件下，应适当多见光，以促进伤口愈合；温度过高时适当遮光。一般嫁接后 2～3 天，可在早晚揭除草苫以接受弱的散射光，中午前后覆盖草苫遮光。以后逐渐增加见光时间，1 周后可不再遮光。

4. 通风　嫁接后 3～5 天，嫁接苗开始生长时可开始通风。

开始通风口要小，以后逐渐增大，通风时间也随之逐渐延长。一般9～10天后即可进行大通风。开始通风后，要注意观察苗情，如发现萎蔫要及时遮荫喷水，停止通风，避免因通风过急或时间过长而造成秧苗萎蔫。

5. 抹芽　砧木切除生长点后，会促进不定芽的萌发，如不及时除去，将会影响对接穗的养分与水分供应。这一工作在嫁接后1周开始进行，2～3天进行1次。

另外，要注意经常观察接穗是否保持新鲜、是否有明显的失水现象等；幼苗成活后要进行大温差锻炼，使幼苗生长健壮；还要及时去掉砧木侧芽，防止它与接穗争夺养分，从而影响接穗的成活。

三、苦瓜泥炭营养块育苗技术

（一）泥炭育苗营养块的突出优点

1. 无菌无害、无病虫卵　泥炭是沼泽草本植物遗体在高湿厌氧的环境中经万年堆积而不完全分解而形成的富含水分、有机质、腐殖酸、多元缓释养分的松软地质体。泥炭无菌无害，不含病虫卵，克服了传统育苗老园土携带病菌、虫卵等引起土传病虫害的缺点，还可减少草害的发生，极大地减少了苗期管理中防病治虫的劳动强度和人力物力的投入。

2. 有利于幼苗健壮生长　泥炭本身富含营养，制作育苗块时又加入了多种营养，可满足蔬菜幼苗对养分的需求，保证幼苗的健壮生长。有资料显示，用泥炭营养块育出的苦瓜苗茎粗增加20%～22%，根数增加20%～30%，根干重增加40%～50%，叶面积增加10%～12%，提高了幼苗的抗逆性，有利于培育壮苗。

3. 养分供应时间长，幼苗管理省工省时　营养块中含大量的有机质、腐殖酸和多种缓释营养元素，其养分供应时间可达70～

80天,故幼苗管理极为简便,只需要按时补水即可,无须施肥。

4. 定植后无须缓苗,产品提前上市,增产增收 幼苗营养块直接定植,不伤根,不缓苗,定植后直接进入旺盛生长阶段。有关研究表明,产品可提早7～15天成熟,平均增产20%～30%。

5. 改良土壤,培肥地力 泥炭中含有丰富的有机质、腐殖酸、纤维素和氮、磷、钾及多种微量元素,有较强的吸附性,能平衡土壤中的盐分含量,调节pH值,有良好的离子交换能力。带营养块定植可提高土壤中有益菌群数量,增加土壤有机质,提高土壤肥力,改善土壤理化性状。

(二)育苗方法

采用泥炭营养块育苗是一种新型的育苗方式,有别于传统的育苗方式,只有正确掌握育苗方法,才能达到预期目的。

1. 种子处理 先将种子晾晒2天,提前1～2天浸种催芽,种子露白时即可播种。

2. 做畦铺膜 播前1天在育苗地做畦,畦高5～7厘米,畦宽1.2米,畦长根据播种量确定。将畦面整平压实,上铺农用薄膜,防止水分渗漏、外流和根系下扎。

3. 摆营养块,浇透水 在畦面的农膜上,按播种的数量整齐摆放育苗营养块(选用圆形小孔40克营养块),按每100个育苗营养块吸水15升浇水,分2～3次浇完,以便营养块充分吸收。吸水后营养块迅速膨胀疏松,用竹签扎刺营养块,如有硬心需继续加水,直至全部吸水膨胀为止。

4. 播种覆盖 在营养块吸水膨胀的第二天,在每个营养块的播种穴里播1粒露白的种子,上覆1～2厘米厚的专用覆种土,无须按压。育苗块间隙不必填土,以保持通气透水,防止根系外扩。

5. 苗期管理 播种后对营养块不要移动、按压,否则易破碎,2天后营养块即固结一体、恢复强度,此时方可移动。视营养块的干湿和幼苗的生长情况及时补水，防止缺水烧苗。整个苗期只浇水无须施肥。定植前3～4天停水炼苗，定植时将营养块一起定植，在营养块上面覆土2～3厘米厚，栽后浇透水。

(三)注意事项

一是定植时应把营养块全部埋在土中，上面至少盖土2～3厘米，定植后应浇透水。

二是对老龄棚地等病害较多的土壤，应在定植穴内适当加入杀菌剂，以防止病菌侵染。

三是达到苗龄要求应及时定植。若不能按期定植，应采取措施防止出现根系老化和脱肥现象。

第四章　日光温室苦瓜多茬次栽培技术

一、冬春茬

日光温室苦瓜冬春茬栽培是指 9 月上旬至 10 月上旬播种育苗，10 月下旬至 11 月中下旬定植，春节前后上市，翌年 6～7 月份拉秧，整个生育期达 7～8 个月。这一茬生育时间长，上市季节市场缺口大，价格高，每 667 平方米地经济效益达 2 万元以上。该茬口对日光温室的采光和保温性能、栽培技术的要求较高，所承担的风险较大，但经济效益最好。

（一）选择适宜的品种

冬春茬苦瓜的播种至坐瓜初期是处在低温和严寒的冬春季节，而持续结瓜盛期却处在温暖和高温的晚春至早秋季节。就日光温室的温度调节而言，在持续结瓜盛期的温度管理上，易达到苦瓜所要求的温度；而在播种至坐瓜初期的温度管理上，要达到苦瓜所需求的适宜温度，难度就比较大。为了尽可能减轻低温对苦瓜播种至坐瓜初期这一生育阶段的不良影响，除尽可能采用升温快和保温性能好的日光温室栽培冬春茬苦瓜外，还应特别注意选用从播种至坐瓜初期耐低温性较强的早熟和较早熟品种。

（二）育　苗

1. 播期选择　在适宜的条件下，苦瓜自播种至始收商品瓜所需天数一般为：早熟品种和较早熟品种 90～100 天，中熟品种 105 天，晚熟品种 120 天左右。若日光温室冬春茬苦瓜安排在进入 2

月份后开始大量上市供应,则日光温室冬春茬苦瓜的开始收获期应安排在头年的1月中旬前后,由此推算日光温室冬春茬苦瓜的适宜育苗时间为头年的8月中下旬。

2. 育苗应掌握的要点 育苗期正处在8~9月份高温季节,高温育苗成为生产上的一大难题,弄不好将带来病毒病、白粉虱、伏蚜和茶黄螨等病虫害的严重发生。因此,育苗要解决好以下关键问题:避免强光照射苗床;避免雨水冲刷苗床,防止苗床积水;杜绝白粉虱、蚜虫等病毒传播媒介进入育苗床内。具体应抓好以下工作:①晴天中午前后要用遮阳网对苗床进行遮荫,避免强光照射苗床。②雨天要用塑料薄膜对苗床进行遮雨,不要让雨水进入育苗床内。③要用防虫网密封苗床,防止白粉虱、蚜虫等进入育苗床内。④采用嫁接育苗,减轻土传病害的发生。砧木品种要选用云南黑籽南瓜。⑤定期喷药预防病害。一般从出苗开始,每周喷1次药,交替喷洒多菌灵、恶霜灵、甲霜灵以及病毒A等。⑥在苦瓜1~3片真叶期,用20~40毫克/千克赤霉素喷洒叶面,使苦瓜第一雄花节位上升、第一雌花节位下降,植株总的雌花数和雌雄花比值都上升。

(三)定 植

1. 施肥整地 冬季温室内的地温低,土壤中营养转化和植株吸收能力均比较缓慢。为满足特殊条件下苦瓜根系对土壤营养条件的要求,须大量施用农家肥、精细整地,给苦瓜生长提供良好的土壤条件。每667平方米施厩肥量不少于25米^3,深翻25~30厘米。锄细搂平,按宽行80厘米、窄行50厘米开沟。

2. 定植 在定植前用天达-2116(山东天达生物制药股份有限公司)抗旱壮苗专用型600倍液对幼苗苗床进行一次喷施,每667平方米用原液50克。按33~35厘米的苗距把苗摆在沟内,顺沟浇足定植水,水渗后趁湿封垄。垄高以35厘米左右、宽为25

厘米为宜。垄封好后，在窄行两垄上盖一块地膜，以保持地温和冬季在膜下灌水，这样可有效防止温室内湿度过大而引发病害。

3. 定植后提高空间温度 定植结束后，开始提高温室空间温度，促进缓苗生根。白天温度最高可达 35℃左右不通风，夜间保持 17℃～20℃为宜。经 3～4 天缓苗结束后，进行正常温度管理。

4. 注意事项 ①选择晴天中午定植时，阴雨天气定植不利于缓苗。②按苦瓜幼苗大小、高低分级定植，不宜大小苗混栽，防止大小混栽互相遮光影响一致生长。③定植苗龄不宜过大，选小苗定植为好。如用大苗定植，结果早、易坠秧，造成植株老化，不利于越冬。定植适宜苗龄为小苗具 3～4 片真叶。④定植宜浅不宜深。据对温室生产的观察，冬季低温期温室地温主要靠空气温度变化的影响，地表以下 10 厘米以上的平均温度高于 10 厘米以下的温度，而且透气性好，根系生长表现活力强，苦瓜产量高。

（四）定植后的管理

1. 环境调控 冬春茬和越冬茬苦瓜定植以后要注意封闭日光温室，提高温度，促进缓苗。一般晴天时白天温度可达 30℃～35℃，夜间不要低于 12℃～15℃；缓苗以后逐渐把温度降到常规温度，白天为 20℃～25℃，夜间为 15℃左右。每年的 11 月上中旬气温开始降低，时有冷空气甚至霜冻等造成苦瓜生长不良或被冻死。为确保苦瓜正常生长发育，白天温室内气温应保持在18℃～28℃，夜间在 12℃～18℃。温室内气温日变化是：由凌晨的 12℃上升至中午的 28℃，当午后温室内气温超过 30℃时立即开天窗通风降温，当降至 25℃时关闭天窗停止通风。日落前盖草苫时气温为 21℃～22℃，上半夜不低于 16℃，下半夜不低于 12℃。若遇连阴雪天气，白天温室内气温应保持不低于 18℃，夜间不低于 10℃，凌晨短时最低温度不低于 8℃。

因苦瓜喜湿热气候，棚中适宜温度为 22℃～30℃，空气相对湿度为70%～80%。如温室中温度高于30℃,应及时打开棚口通风,避免叶片被灼伤,减少白粉病发生。到3月中下旬,温室内温度高于30℃时,应打开棚顶通风口通风。4月中下旬气温趋于稳定且日平均气温超过20℃时,即可将棚顶风口和前裙膜全打开,注意打开棚前裙膜时应有一个渐进过程。

遇到连续阴雪天气时,白天及时扫除棚膜上面的积雪,争取散光照和刹那间半晴或晴光照。也可于温室内挂电灯或其他灯补光。若遇到连续4～5天以上的阴雪天气又骤然转晴后,切勿早揭和全揭草苫,应采取“揭花苫,喷温水,防闪秧”的管理方式科学管理。

苦瓜是喜光作物,尤其是进行结瓜期,只有好的光照条件,才可能有高的产量。冬季日照时数少,光照强度弱,加之日光温室内空气相对湿度高,薄膜透光率以及阴雨等因素的影响,往往光照严重不足。因此,要千方百计争取多采光:一是选用无滴防雾膜,提高透光率。二是经常擦拭薄膜上的灰尘,以降低其对透光的影响。三是用地膜覆盖减少地表水分蒸发。四是浇水过后及时排湿,降低日光温室内湿度。五是张挂反光幕,提高中、下部的光强度。六是有条件的可设人工光源。

2. 肥水管理　定植时浇好稳苗水。全温室定植完毕之后,还要顺沟浇定植水。在缓苗以后要顺沟浇1次透水,而后转入中耕锄划,提高地温,促进根系发展。结果以前要控制肥水,促苗稳长快长。一般是在雄花开放时追第一次肥,每667平方米用复合肥10～15千克;结果后追第二次肥,每667平方米用复合肥15～20千克,以后要逐渐加大肥水用量。盛瓜期3～4天浇1次水,7～8天追1次肥,每667平方米每次施硝酸铵15～20千克,同时中间要追施1～2次磷、钾肥,或每667平方米每次施复合肥20～30千克。越冬茬和冬春茬在春季天气转暖可大通风时,随水冲入粪稀2～3次,每667平方米每次施200～250千克。

3. 植株调整　进行植株调整时，为减少遮荫，可用尼龙绳吊蔓法代替支架绑蔓法。具体做法是：在拱杆下边的 4 根铁丝上，每条垄的上方顺垄向各拉 1 根铁丝，在这根铁丝上为每棵苦瓜拴 1 条吊绳，吊绳下端直接系在苦瓜根部，然后转动苦瓜的茎蔓，使尼龙绳缠绕在苦瓜茎蔓上。吊蔓时要使所有的顶端均处在同一个北高南低的平面上，以保证各植株受光均匀。这个平面各处的高度不应高于日光温室内相应处高度的 2/3。由于苦瓜以主蔓结瓜为主，距地面 50 厘米以下的侧蔓结瓜很少，所以在引蔓时及时摘除这部分侧蔓。地面以上的部分如果侧枝生长过旺、过密，也应适当摘除。总之，要保证主蔓的生长，以发挥其结果优势。主蔓达到架顶以后要摘心，同时在其下部留出 3～5 条侧蔓，使每条侧蔓再结 1～2 个瓜。也有的在主蔓长达 1 米左右时，将主蔓摘心，留 2 条强壮的侧蔓结果。绑蔓时要掐去卷须和雄花，此时要注意调整蔓的位置和走向，及时剪除细弱或过密的衰老枝蔓，尽量减少互相遮荫。

在低温寡照时期，植株生长慢，由于生长时间长，植株下部叶片老化和侧蔓多，常与果实争夺养分。为减少不必要的营养消耗，应及时去掉下部发黄、发脆、发病的老叶，侧蔓留 1～2 叶打顶，以保持行间的通透性，减少发病机会。剪叶、打顶应选择在晴天的中午进行。阴天伤口愈合慢、伤流多，伤口还会在高湿条件下被病害侵染。

4. 保花保果　日光温室苦瓜保花保果主要有 3 种方式：①人工授粉。苦瓜的单性结实率较低，必须授粉才能提高坐果率并能促进果实发育。由于日光温室内风小及昆虫活动少，因此有必要进行人工授粉，可于上午 7～8 时采下盛开的雄花除去花冠，将花药抹在雌花的柱头上，以提高坐果率。这是目前日光温室苦瓜保花保果的主要方法。②蜜蜂授粉。4 月至 11 月期间可采用蜜蜂授粉方法。此法应注意以下 6 个方面的问题：一是授粉蜂群数量。

一般每333平方米日光温室面积配一标准授粉群。授粉群应为王群，2足框工蜂（约500只）。如果温室面积为667平方米，应有4足框工蜂（1 000只），每群蜂应储备3～4千克饲料（若饲料不足，应及时补喂50%糖浆）。二是蜜蜂进入温室时间。蜜蜂在盛花期前5～6天放入温室，最好是傍晚入棚，若白天运到后立即入棚，会造成蜜蜂大量涌出，趋光撞膜碰死。三是蜂群安置。最好将蜂箱放在温室中间偏后的位置，通常巢门与温室走向一致，朝东或朝南，并用木架等将箱体架离地面50～80厘米。四是保证蜂群充足饮水。巢内应有充足的水分参与代谢和调节巢内温湿度，所以要让蜜蜂采到干净的水。在靠近蜂箱处置一容器盛满水，放点麦秸或稻草等漂浮物，便于蜂群采水，隔2～3天换水1次。五是防止农药中毒。如授粉期间需喷洒农药、化肥或使用熏烟剂等，应先搬走蜂群，1～2天后再搬回，以免蜜蜂中毒死亡。六是用泡沫蜂箱对维持蜜蜂群势有利。20℃～25℃的温度对蜂群繁殖有利，而温室内白天和晚上的温差大，用泡沫蜂箱对稳定蜂群内的温度十分有利。③使用防落素。上午10时前用20～30毫克/千克的防落素涂抹瓜柄和柱头。用防落素保果，其坐果率不及人工授粉和蜜蜂授粉高，只有在缺乏雄花花粉的前提下才采用该方法。若进行绿色食品苦瓜生产，尽量不要采用此方法。头天下午采摘第二天可以开放的雄花，放在25℃左右的干爽环境下，翌日上午8～9时将雄花撕去花冠，轻轻地给雌花柱头授粉。一般1朵雄花可供3朵雌花授粉，授粉时注意不要伤及雌花柱头。

（五）适时采收

苦瓜的采收标准是：一般花后2周左右，果实的条状或瘤状突起较饱满，具有光泽，果顶颜色变淡时即为适采期。过早和过晚采收都会降低苦瓜的品质和产量。

(六)冬季保护地中增加光照的措施

在光照时间短、强度低的冬春季节,使保护地内多接受阳光照射,对提高苦瓜的产量和品质具有重要作用。增加光照的具体措施有以下几种。

1. 合理布局 定植苦瓜时力求苗子大小一致,使植株生长整齐,以减少植株间的相互遮光。同时要南北向做畦定植,使之尽量多接受阳光照射。

2. 保持棚膜洁净 棚膜上的水滴、碎草、尘土等杂物会使透光率下降30%左右。新薄膜在使用过程中,随着使用时间的延长温室内光照会逐渐减弱。因此,要经常清扫,以增加棚膜的透明度。下雪天还应及时扫除积雪。

3. 选用无滴薄膜 无滴薄膜在生产的配方中加入了几种表面活性剂,使水分子随薄膜面流入地面而无水滴产生。选用无滴薄膜扣棚,可增加温室内的光照强度,提高棚温。

4. 合理揭盖草苫 在保证苦瓜生长所需要的适宜温度的前提下,适当早揭和晚盖草苫,可延长光照时间,增加光量。一般在太阳出来后0.5～1小时揭草苫、太阳落山前半小时盖草苫比较适宜。特别是在时阴时晴的阴雨天里,也要适当揭草苫,以充分利用太阳的散射光。有条件的地方,要安装使用电动卷帘机揭盖草苫,以缩短揭盖时间,相对增加温室内光照。

5. 张挂反光幕 用宽2米、长3米的镀铝膜反光幕挂在温室内北侧,使其垂直于地面,可使地面增光40%左右,棚温提高3℃～4℃。此外,在地面铺设银灰色地膜也能增加植株间的光照强度。

6. 搞好植株调整 及时地进行整枝、打杈、绑蔓吊蔓、打老叶等田间管理,改善温室内通风透光条件。

(七)越冬苦瓜如何应对阴雨雪天气

冬季阴雨雪天气会造成保护地低温、高湿、寡照等不利于苦瓜生长发育的环境条件,尤其是连续几天的低温阴雾天气会给越冬苦瓜造成很大的危害。发生低温冷害的温室苦瓜轻者植株生长停止、化瓜;重者植株萎蔫死棵,提前拉秧。为了避免发生这种情况,要尽可能地创造适宜苦瓜生长发育的条件,把损失降到最低。

1. 防寒保温,增加光照　冬季要注意收看天气预报,当寒流和阴雨雪天气到来之前,要严闭温室,夜间加盖整体浮膜(即盖草苫后,再覆盖一整体薄膜),温室后墙和山墙达不到应有厚度的,可在墙外加护草及薄膜等加强保温。必要时可在阳面的温室底角增盖一层草苫以提高温室内夜间的温度。在严寒季节可在棚前脸加盖麦草或其他覆盖物以加强保温。

只要不下雨、不下雪,都要坚持拉开草苫,利用微弱的散射光提高温室内的温度,补充光照,使苦瓜植株进行光合作用,避免苦瓜植株长时间处于黑暗状态而造成根、茎、叶生长严重失衡。此外,还要经常清扫日光温室棚膜表面,增加棚膜透光率,增强苦瓜植株的光合作用。

为了保温,阴雨雪天气一般不通风,但当温室内空气相对湿度超过 85%时,可在中午前后短时间开天窗,小通顶风排湿。每天拉开草苫时间的长短可根据棚温的变化确定:揭开草苫后,若温度下降,应随揭随盖;若温度稍有回升,可以在下午 2～3 时以前把覆盖物重新盖好。在阴天时要尽量减少出入温室的次数,尽可能保持棚温。

如持续阴天时间过长,应在温室内设置灯泡提温增光。可在每间温室中间设置电灯一个。若遇上雨雪天气,上午不能拉开草苫时,应打开电灯;若夜温过低,可在下午 5 时左右将电灯打开,到夜间 10 时左右再关闭,这样可提高棚温 2℃～3℃。

2. 预防病害发生流行 很多种病害都是在低温、高湿的条件下发生流行的，所以在阴雨雪天气时降低温室内湿度是预防病害发生和流行的最主要手段。在温室内温度低不宜进行通风降湿时，可采用在田间撒施草木灰的方法吸湿，降低温室内的湿度，减轻病害的发生。病害发生后不宜采用喷雾的方法防治，应采用熏烟或喷粉尘剂的办法进行防治病害。此外，使用滴灌方法对苦瓜进行浇水、施肥，能明显降低温室内的湿度，减少病害的发生。

（八）冬季连阴天过后如何对苦瓜进行管理

当连阴天过后，天气转晴时，不要急于一下子将草苫全部拉开，以避免植株在阳光下直射而造成苦瓜植株萎蔫，应采取"揭花苫"的方法逐步增温增光。对受强光照而出现萎蔫现象的植株及时盖草苫遮阳，并随即喷洒 15℃～20℃的温水，同时注意逐渐通风，防止闪秧闪苗。若保护地安装有卷帘机，可采取分次揭草苫的方法揭开草苫见光，即第一次先揭开 1/3，不出现萎蔫时再揭开 1/3，第三次才将草苫棚全部揭开，这样让苦瓜有一段逐步适应的过程，可防止急性萎蔫发生。

另外，若出现了受冻植株，可先采取喷温水（温度不能太高，可以掌握在 10℃～15℃，根据当时受冻情况而定；受冻严重时，水的温度要稍低）的方法进行缓解，而后再用 2.85%萘酸水剂 6 000 倍液或纳米磁能液（由达到纳米级程度的中草药等萃取液提炼而成，含有硼、钼、锌、铁、铜、镁等微量元素）2 500 倍液进行叶面喷洒，以促进植株加快生长。

不良天气时坐下的瓜纽即使没有焦化，也会因营养不良出现大批畸形瓜，可适当摘除一部分，同时对出现的弯瓜可以用吊小砖瓦的方式使其变直，以提高瓜的品质。

当苦瓜出现植株生长停止或化瓜时，可以适当疏掉一些幼瓜，以利于枝蔓伸长。另外，喷施植物生长调节剂丰收一号（主要成分：有机质≥20克/毫升，甲壳素≥5%），也有利于增强苦瓜植株机体恢复。

连阴天后，苦瓜的根系会受到不同程度的伤害，会降低其对水分养分的吸收能力，因此天气转晴后，可以喷施爱多收、丰产素等叶面肥，增加营养元素，也可以用甲壳素等灌根，补充营养，以促进新根生成。

（九）怎样减轻大雾对苦瓜的影响

我国北方冬季经常出现大雾天气。只要有雾，日光温室中的苦瓜生长发育就受到影响，特别是连续的大雾天气将严重影响日光温室苦瓜的产量和品质。可采取以下措施应对大雾对苦瓜的影响。

1. 提高日光温室的保温性能　可采取加厚墙体、挖防寒沟；提高日光温室的高度，加大日光入射角，增加日光入射率，提高日光利用率；利用增温塑料薄膜等措施；利用保温性能较好的草苫覆盖；在日光温室内利用无纺布进行双层覆盖；在日光温室北侧张挂反光幕；用上述方法提高日光温室内的温度环境。

2. 改善光照条件　在有可能的情况下，用人工补光。由于大雾天气仍有散射光可供苦瓜利用，所以只要温度条件许可，仍应及时揭盖草苫，让苦瓜见光。即使在温度较低的时候，也不能连续几天不揭草苫，应在中午短时间揭草苫让苦瓜见光，防止长时间在黑暗环境中捂黄叶片。

3. 及时喷施药物防治病害　在喷药时，加入0.2%磷酸二氢钾溶液和有机钙、锌、铁等叶面肥，以补充植株的钾、钙素等供应，解决根系吸收障碍，防止植株缺乏上述肥料元素导致的症状发生。同时，可增加细胞液的浓度，增强植株的抗寒能力。

4. 增强植株抗寒力　在寒冬，每20天喷施芸薹素——硕丰481（四川成都新朝阳生物化学有限公司）10 000倍液1次，以促进植株的光合作用,增强植株抗寒力,促进根系的生长发育。

此外,连续大雾天突然变晴后,应在中午光照过强时,"隔一盖一"地盖上草苫,下午再揭开,防止光照过强导致叶片萎蔫以及泡泡病的发生。

二、早 春 茬

利用日光温室在寒冬季节育苗,初春定植于日光温室,将开花结果期安排在温光较好的季节里,这是目前普遍采用的一种栽培方式。该茬栽培一般从3月份开始上市,产量高峰期集中在4~5月份,若不急于赶茬,可延续到8~9月份结束。

早春茬定植后,气候条件逐渐适应苦瓜生长,虽然生育期不如冬春茬长,但是在各种条件比较优越的情况下,其产量高峰来得早,4~5月份为大量上市时期,市场缺口大,价格高,经济效益也比较好。

(一)品种选择

品种选用要求可参阅冬春茬栽培。

(二)育　苗

1. 播期选择　早春茬苦瓜育苗时间在低温弱光期,苗龄时间长,一般为55~60天。日光温室早春茬苦瓜安排在4~5月份开始大量上市供应,冬春茬苦瓜开始收获期应安排在3月中旬前后,由此推算日光温室早春茬苦瓜的适宜育苗时间为头年12月上中旬。

2. 育苗应掌握的要点　育苗期正处在当年12月份至翌年1月份的最低温季节,低温育苗成为生产上的一大难题。育苗的关键是避免发生冷冻害,可在日光温室中加扣小拱棚育苗,有条件的地方可采用电热温床育苗。

(三)定　植

早春温室的环境条件是向有利于苦瓜植株营养生长的方向发展。在实际生产中,苦瓜早春温室定植后,植株的营养生长量最大,因而影响向生殖生长的转化,往往出现高产不早熟的现象。为争取早熟高产,经过试验表明,利用大苗移栽,在苦瓜定植后的缓苗期开始转为生殖生长,可早开花、早坐瓜,植株的营养生长和生殖生长趋向平衡,达到早熟、高产的目的。

早春苦瓜定植的苗龄应为60～65天,具7～9片真叶,株高为30～35厘米,叶色绿,有光泽,无病斑,根系发达完整。定植前5～7天进行炼苗,加大昼夜温差,白天保持30℃～35℃,以增加植株的蒸腾作用,晚上保持7℃～10℃。白天加大通风量,将使苦瓜苗营养生长受阻。要通过炼苗和定植后的缓苗过程,促进生殖生长和转化,达到早熟之效果。

定植的具体工序和技术要点如下:

1. 开大窝,“窝里放炮”施饼肥　按计划定植行距起垄并覆盖地膜,定植时将地膜向两边折叠后,于行间的一侧或两侧按计划定植株距开大窝,窝深13～15厘米,长宽各25～30厘米,每窝内施入充分发酵腐熟的饼肥(豆饼、菜籽饼、棉籽饼,花生饼和麻饼更好)100克左右,并将其与窝土掺混均匀。

2. 带完整土坨取苗,坐水定植　用营养方块苗床育苗的,宜用专门制造的“L”形直角铲取苗;用塑料营养钵苗床育苗的,取出苗后要轻轻脱去塑料钵;力求做到秧苗带姥娘土(土坨)完整,以减轻伤根。将苗坨在窝内放正,稍埋栽并做好盛水埯穴(凹形埯穴),然后浇水,水渗下后封埯,使苗坨的顶面与地表面相平。在取苗、定植过程中,注意淘汰病苗、弱苗、残苗,选壮苗、好苗定植。

3. 苦瓜苗定植后,覆盖地膜　当同一行间的苦瓜定植完毕,即将折叠于一边的地膜放开，并照苦瓜苗处打上孔，放苦瓜苗覆盖上地膜。如果定植的是嫁接苗，务必使秧苗的嫁接夹(或嫁接口处)高出地膜之上，以防止接穗苦瓜的茎节接触土壤而产生不定根，而失去嫁接意义。

(四)定植后的管理

1. 环境调控 定植后缓苗期闭棚提温促缓苗。3 月底前要保温防冻，白天适当通风。4 月底前，夜间要注意保温，白天要注意通风降湿。5 月份以后则以通风降温排湿为主，当午间气温达到 30℃时开始通风，下午温室内气温降至 25℃时停止通风。6 月份撤除日光温室底围裙膜，保留棚顶膜防雨。

2. 肥水管理 早春茬苦瓜生长速度快，营养消耗多，中后期加上温度高，叶面积越来越大，蒸腾作用很强，为满足植株生长发育对水肥的要求，必须抓好水肥管理。

苦瓜定植时浇足定植水，在甩蔓期内一般控水 10～15 天，防止营养生长速度过快。大约 15 天后进入开花结果期时，为促进果实生长，要及时浇水。苦瓜浇水时，掌握“浇果不浇花”和小水勤浇的原则，开花盛期不干旱时不浇水，坐果时要浇小水，防止大水漫灌造成土壤板结，透气性差，影响根系的吸收能力。

每次浇水应结合追肥。苦瓜结果前期外界气温较低，为养蔓壮根，应随水冲施含腐殖酸较高的低含量复合肥；结果盛期外界气温转暖，应以追施氮素化肥为主。结果前期产量低，营养消耗少，每 667 平方米每次冲施腐殖酸类肥 15 千克。进入盛果期后，植株对营养需求量大时，可增加施肥数量。一般每 667 平方米每次冲施硝酸铵类氮肥 30 千克，连续冲施 2～3 次后，改换施化肥品种，一般施每 667 平方米三元复合肥 35 千克，或人粪尿 300 千克。

进入结果后期，根系老化，吸收能力差，植株结瓜量开始下降时，要减少浇水次数，降低施肥量。一般每 667 平方米每次冲施肥料10～15千克为宜。

3. 植株调整　温室早春茬苦瓜在甩蔓期的生长特点是侧蔓萌发早而且数量多，侧蔓生长速度比主蔓快，直接影响了主蔓生长，要尽早去掉植株下部的侧芽。一般植株从15节以下不留任何侧枝，全部抹掉，以促进主蔓生长。在15节以上的侧蔓上留1～2条苦瓜，留3～4片真叶，掐去生长点。及时吊架和引蔓上架。植株生长到盛瓜期后，下部的叶片开始老化、发黄、发病、发脆时，要及时剪掉，以减少营养消耗。主蔓生长接近棚顶时，要及时落蔓。植株生长到中后期，下部侧蔓结的瓜已经采收完毕时，侧蔓已经处于老化阶段，叶片发硬，要及时剪除无瓜的侧蔓，改善植株行间的通透条件。植株剪老叶、落蔓和剪除侧蔓等项工作要选择在晴好天气进行，如果在阴雨、低温时进行，则不利于伤口愈合，易造成病原菌侵染。

4. 人工辅助授粉　由于苦瓜早熟，栽培所需气温低，棚门开启少，温室内空气流动小，而且少有昆虫传粉，造成自然授粉困难，因此必须实行人工授粉，并用20～40毫克/升2,4-D涂抹雌花花梗或幼瓜，以提高苦瓜坐果率，促进苦瓜膨大，提高产量。

(五)适时采收

苦瓜以嫩瓜供食用，花后12～15天就要及时采收。一般苦瓜果实已充分长大，花冠开始干枯时是采收适期。

三、秋冬茬

日光温室苦瓜秋冬茬栽培是指7月中下旬至8月上旬播种育苗，8月上中旬至9月上旬定植，供应初冬和元旦、春节市场。该茬口若采用采光和保温性能良好的日光温室栽培，再加上科学的栽培管理技术，可延至翌年7月份拉秧，进行全年一大茬栽培。若日光温室保温、采光不合理，多在春节前后拉秧，进行下茬生产。此茬育苗期最好应喷施赤霉素增加雌花数量。

(一)品种选择

由于秋冬茬苦瓜从播种至坐瓜初期正处于仲夏至仲秋高温季节，其持续结瓜盛期处在秋末至冬春的低温和寒冷期，所以此茬苦瓜应选用苗期至坐瓜初期耐热性较强、耐低温性较差的晚中熟和晚熟品种。同时考虑其生育期的长短，应选择在10叶节前后发生雌花的品种。

(二)育　苗

1. 选择适宜播期　秋冬茬苦瓜栽培，是在霜降前完成营养生长量的90%，气温降低时进入结果期，可一直收获到元旦前后。如播种早了，在前期高温阶段植株生长快、结瓜早，进入低温后植株容易衰老，抗逆能力差，影响结瓜，产量低，效益差；播种晚了，前期温度适宜时，植株生长量小，进入低温期时，植株营养面积小，前期结瓜迟，总产量也很低，经济效益也很低。从几年来温室秋冬茬苦瓜生产播期的选择结果来看，山东寿光市的苦瓜播期以8月上旬为宜。

2. 遮阳防雨育苗　育苗期间正值高温多雨季节，苗床应设置拱棚，其上覆盖遮阳网以防雨、降温，可选用遮阳率60%的遮阳网覆盖。采用营养钵育苗。在苦瓜1～3片真叶期用20～40毫克/千克赤霉素喷洒叶面，使苦瓜第一雄花节位上升，第一雌花节位下降，植株总的雌花数和雌、雄花比值都上升。

(三)定　植

苦瓜定植时间在8月底或9月上旬。在气温高、光照强时，要选择晴天下午或阴天定植，定植后浇足定植水，过1天后再补浇1

次压根水。浇水时避开高温时间，应选择在傍晚或早上浇。待土壤能中耕时抓紧时间中耕和封垄。封垄应在早上进行，根据实际栽培时的土温测量，早上封垄时土埂中的温度在20℃～22℃；下午封垄时，土埂中的温度可达25℃～28℃，不适宜苦瓜的根系迅速生长。封垄后，地面再覆盖2～3厘米的麦草，可降低地温，又能保墒，可防止杂草生长和土壤板结。

(四)定植后的管理

1. 定植后到结瓜前的管理　此期管理的主要目标是促根壮苗，为高产奠定基础。主要管理措施有以下4个：一是松土除草，疏松土壤，提高土地的通气性，促根下扎。松土时可将地膜掀起。二是控制植株徒长。秋冬茬苦瓜前期温度比较适宜。苦瓜在高温强光的条件下，主蔓生长很快。多数品种在秋冬茬栽培时，很少发侧蔓，主蔓生长很快，若不采取有效的控制措施，容易出现主蔓徒长而推迟结瓜时间。管理上以控为主，少浇水、追肥，甩蔓期用助壮素1支(10毫升)对水12升喷洒植株，15天后根据情况可再喷1次，效果更好。三是肥水管理，结瓜前只要墒情好，苗子长势壮，一般不要浇水。但是有的土壤保水能力差，苗子长势弱，或有的品种结瓜晚，致使结瓜前墒情已不能满足植株生长的需要。此时应进行适当施肥浇水。浇水时水量不宜过大，结合浇水每667平方米可冲施三元复合肥10～15千克，或每667平方米施腐熟的人粪尿、鸡粪等250～300千克。四是整枝吊蔓。当苦瓜主蔓伸长到30～40厘米时，要及时用塑膜绳将主蔓吊起，吊绳上方拴在用铁丝搭的棚架上。同时，要将主蔓下部抽发的侧枝卷须及时去掉，以减少营养消耗，促进主蔓壮长，方便管理。

2. 结瓜后的管理

(1)肥水管理　结瓜后一般10～15天浇1次水，每隔1次水冲1次肥。追肥种类可用三元复合肥或尿素加钾肥，也可以用腐熟的有机肥。化肥一般每667平方米用量为20～25千克，有机肥每667平方米用量为500～800千克。越冬期低温阴雨天浇水周期可适当加长。此时冲肥，要以有机肥为主，适当配合无机肥进行冲施。根据土壤养分状况，可增施钙、锌、硼、镁等元素肥，以满足苦瓜高产的需要。4月份后气温、地温迅速回升，浇水周期缩短，浇水量要加大，每8～10天浇1次，水量要足，但不能积水。

(2)温度管理　结瓜期白天日光温室内温度一般控制在25℃～30℃，高于32℃可适当通风，夜间一般保持在15℃～18℃，最低不宜低于12℃。如温度达不到上述要求，要及早采取措施加以解决，如加厚墙体、在内墙加保温板、加厚覆盖物等，有条件的可考虑采取人工加温设施。

(3)加强整枝　保持主蔓生长。当主蔓出现第一朵雌花后，在其下相邻部位选留2～3个侧枝，与主蔓一起吊蔓上架，其他下部侧枝应及时去掉；其后再发生的侧枝(包括多级多枝)，有瓜即留枝，并在瓜后留一片叶打顶，无瓜则将整个分枝从基部剪掉。这样做能控制过旺的营养生长，改善通风透光，增加前期产量。各级分枝上如出现两朵雌花时，可去掉第一朵雌花，留第二朵雌花结瓜。一般第二朵雌花结的瓜大，品质好。

(4)人工授粉　苦瓜日光温室栽培，在没有昆虫传粉的情况下须进行人工授粉，授粉一般在上午9～10时进行，摘取新开放的雄花，去掉花冠，与正在开放的雌花进行花对花授粉。也可用毛笔蘸取雄花的花粉，给正开放的雌花柱头轻轻涂抹，进行授粉，以保证其正常结瓜。

(五)采　收

秋冬茬苦瓜生产期内气温一天比一天低，植株生长速度一天天慢下来，市场苦瓜的价格一天天上涨。根据这个规律，秋冬茬苦瓜的采收应适期向后拖延。特别在气温较低时推迟采收，让每棵苦瓜植株上留有2～3个商品瓜，利用植株活性挂棵贮存，推迟到元旦或春节时集中采收上市，可明显提高经济效益。

四、套　作

(一)套作方式

因苦瓜自幼苗期至开花坐果初期生长发育缓慢，所以苦瓜的苗龄期过长，尤其在生育温度偏低的条件下，从播种至采收第一个商品嫩瓜需130～150天。如果苦瓜于日光温室纯作，因其从幼苗至始收商品嫩瓜达4～5个月的期间内，植株生长发育缓慢，株体增长量小，植株细、矮(主蔓仅150厘米左右高)，对日光温室的面积、地力、空间、光照、生育温度、生育时间等生态条件的利用上存在较大程度的浪费，此期的收益也很低。因此，山东省寿光市日光温室反季节栽培苦瓜很少纯作，绝大部分实行套作，使苦瓜在生育前半期的4～5个月里与其他相适应的作物共生。近年来，寿光市日光温室套作苦瓜主要有如下两种模式。

1. 苦瓜于先植矮秆作物行间套作　宽行距平架栽培日光温室套作苦瓜，选配的先植共生作物要适当，能合理利用地力、空间，减轻苦瓜与共生作物之间的不良影响，实现立体种植高产高效益。栽培实践证明：甜椒、茄子、番茄等茄科作物，矮生或半蔓性西葫芦等矮秆早熟品种，因其具有株体矮、生育期短、果实成熟早、收获期相对集中、倒茬较早等特点，所以都适于与苦瓜套作。

寿光日光温室东西向宽3.6米为一间(即同排东西相邻中立柱的距离为3.6米)，在矮秆蔬菜栽培上，一般每间日光温室上按1.2米宽做3个南北向垄，并按大小行种植6行矮秆蔬菜。套作苦瓜时，一般每隔6行先植矮秆蔬菜再套栽1行苦瓜，并将苦瓜套植于有中立柱的每个大行间。当先植共生矮秆作物收获完毕拉秧倒茬后，苦瓜由与其他作物间作共生转变为纯作单生时，按 3.6 米宽搭一个略朝南倾斜的平架，即每间搭一个平架，平架面离日光温室前坡面 0.3～0.5 厘米。寿光菜农称此种套作模式为苦瓜宽行平架栽培。其套植的行株距及 667 平方米密度一般为：3.6 米×0.60～0.40 米，667 平方米套植 300～450 棵。

2. 苦瓜于先植攀蔓作物行间套作　窄行吊架栽培日光温室内吊架栽培的黄瓜、丝瓜、节瓜、西瓜等瓜类作物和豇豆、菜豆、荷兰豆等豆科作物，都是喜温而不耐低温的作物，而苦瓜也是喜温而不耐低温的作物。因此，凡是先植上述瓜类和豆科作物的日光温室，都可以套作苦瓜。套植苦瓜的行株距规格，是依据先植吊架作物的行株距规格来调整确定的。一般于先植作物大行间两侧套植，把先植作物的大行变为苦瓜的小行，而先植作物的小行则成为苦瓜的大行。其套植的行、株距及密度有两种：一是0.9 米×0.37 米，每 667 平方米植 2 000 棵；二是 0.6 米×0.37 米，每 667 平方米植 3 000 棵。当先植共生攀蔓作物拉秧倒茬后，苦瓜的主蔓已伸长到 1 米多长，进入开花坐瓜期。因此宜将原来先植攀蔓作物的吊架作为套作苦瓜的吊架，并对苦瓜实行留主蔓去侧枝单蔓整枝吊架和不定期地进行降蔓、落蔓、盘蔓、吊蔓及调蔓。寿光菜农称这种套作苦瓜的模式为苦瓜于先植攀蔓作物行间套作，高度密植，单蔓整枝，吊架栽培。这是一种高产栽培模式，尤其是一种前期高产栽培模式。

(二)品种选择

相对而言，苦瓜的早熟和较早熟品种一般耐热性较差，耐低温性较强；而晚中熟和晚熟品种一般耐热性较强，耐低温性较差。同一品种，苗期至坐瓜初期要求的温度较高，而持续结瓜期要求的温度比苗期至坐瓜初期低。由于受不同季节外界自然气候的影响，设施园艺的光照、温度等生态条件，在不同的种植季节里也有差异。因此,利用日光温室反季节套作苦瓜须根据套作的不同茬次选用不同熟性的苦瓜优良品种。

1. 秋冬茬苦瓜宜采用的苦瓜优良品种　日光温室套作的称秋冬茬苦瓜,从播种至坐瓜初期正处于仲夏至仲秋高温季节,其持续结瓜盛期处在秋末至冬春的低温和寒冷期,因此该茬苦瓜应选用苗期至坐瓜初期耐热性较强、耐低温性较差的晚中熟和晚熟品种。

2. 冬春茬苦瓜宜选用的优良品种　日光温室冬春茬苦瓜从播种至坐瓜初期处在低温和严寒的冬春季节,而持续结瓜盛期却处在温暖和高温的晚春至早秋季节。就日光温室的温度调节而言,在持续结瓜盛期的温度管理上,易达到苦瓜所要求的温度;而在播种至坐瓜初期的温度管理上,要达到苦瓜所需求的适宜温度,难度就比较大。为了尽可能减轻低温对苦瓜播种至坐瓜初期这一生育阶段的不良影响,除了尽可能采用升温快、保温性能好的日光温室栽培冬春茬苦瓜外,还应特别注意选用从播种至坐瓜初期耐低温性较强的早熟和较早熟品种。

(三)苦瓜播种期和套植期的安排

苦瓜是喜温、喜湿、耐热、耐肥、适应范围较广、持续结果期较长的瓜类蔬菜作物。我国北方蔬菜集中的产区多利用日光温室进行苦瓜反季节翻茬栽培,常年供应市场。但因苦瓜的苗期太长,在始收商品嫩瓜之前,植株生长缓慢,株体量小。为了合理利用园艺设施的土地、空间、生育积温、光照等生态条件,调节好各茬苦瓜的供果期,达到周年供果不断,我国北方温室蔬菜集中产区种植苦瓜多于日光温室与其他先植作物套作,并且播种期和套植期必须安排恰当。所谓苦瓜于日光温室内的套植期恰当,就是使套植的苦瓜从苗期至始收商品嫩瓜期这一生育阶段处于温室内先植相配共生作物的持续结果期。当苦瓜进入主、侧蔓旺盛快长、枝叶繁茂、持续结瓜盛期时，与其相配共生的先植作物已结束供果，拉秧倒茬，这样就可使苦瓜持续结瓜期处于纯作的良好生态条件下，从而实现高产优质。要使苦瓜的套植期恰当，就必须首先恰当安排播种期。不同成熟期的苦瓜自播种至始收商品嫩瓜所历经的天数一般是：早熟品种 120 天左右，中熟品种 130 天左右，晚熟品种 140 天左右。由套作苦瓜的先植相配共生作物持续供果末期（即拉秧倒茬时）往前推算上述不同熟性苦瓜品种在始收商品嫩瓜之前所历经的生育天数，便是套作苦瓜的恰当播种日期。例如，日光温室秋冬茬番茄的供果末期为 2 月上旬，如果在此茬番茄行间套植苦瓜，则从 2 月上旬往前推算 120 天，即上一年的 10 月上旬便是秋冬茬番茄行间套植越冬茬苦瓜早熟品种的播种期。

（四）苦瓜套植

当苦瓜播种后 35～40 天，秧苗生长到 15～20 厘米高、单株有 4～5 片真叶时，即可将苦瓜苗套植于日光温室内先植作物的行间。其套植的具体工序和技术要点如下。

1. 开大窝，“窝里放炮”施饼肥 按计划套植行距将先植作物大行间的地膜向两边折叠后，于大行间的一侧或两侧按计划套植株距开大窝，窝深 13～15 厘米，长、宽各 25～30 厘米，每窝内施入充分腐熟的饼肥（豆饼、菜籽饼、棉籽饼，花生饼和麻饼更好）100 克左右，并将其与窝土掺混均匀。

2. 带完整土坨取苗，坐水定植 用营养方块苗床育苗的，宜用专门制造的“L”形直角铲取苗。用塑料营养钵苗床育苗的，取出苗后要轻轻脱去塑料钵，力求做到秧苗带姥娘土（土坨）完整，减轻伤根。将苗坨在窝内放正，稍埋栽并做好盛水堰穴（凹形堰穴），然后浇水，待水渗后封堰，使苗坨的顶面与地表面相平。在取苗、套植过程中，注意淘汰病苗、弱苗、残苗，选壮苗好苗套植。

3. 苦瓜苗套植后，覆盖地膜 当同一行间（指先植作物行间）

的苦瓜套植完毕，即将折叠于一边的地膜放开，并照苦瓜苗处打上孔，放苦瓜苗后覆盖上地膜。如果套植的嫁接苗，务必使秧苗的嫁接夹(或嫁接口处)放出地膜之外，以防止接穗苦瓜的茎节接触土壤而产生不定根染病，而失去嫁接意义。

(五)苦瓜套植后至坐瓜初期的管理

苦瓜于日光温室套植后，再经 80～90 天，主蔓才伸长到 1～1.5 米，开始坐住第一个瓜。这段时期结合对温室内先植共生作物的栽培管理，对苦瓜适当兼管。

1. 缓苗期的管理　苦瓜苗期生长发育快慢，主要取决于光照、温度和湿度。在一定范围内，光照强、温度高、湿度大，有利于苦瓜生长发育，所以就缓苗快，生长发育快；反之则缓苗慢，生长发育也缓慢。在带完整土坨套植、浇足水又盖地膜保墒保温的基础上，一般在缓苗期不浇水和遮阳搭荫，中午前后日光温室要短时通风换气控温，使温室内白天气温控制在 25℃～30℃，夜间在 22℃～15℃；白天空气相对湿度保持 70%～80%，夜间 85%～95%；土壤湿度保持在 85%左右。

2. 伸蔓期的管理　苦瓜苗套植后 10 天左右，从长出 1 片新叶至开始坐住根瓜这段时间叫伸蔓期。此期即转入日光温室栽培常规管理，通过设施园艺环境调控，使温室内的生态环境条件既适于先植共生作物的生长发育，又适于苦瓜伸蔓期生长发育。一般温室内白天气温控制在 20℃～28℃，中午前后最高温度不高于 30℃，下午覆盖草苫时为 20℃～22℃，上半夜为 20℃～16℃，下半夜为 16℃～13℃，凌晨短时最低不低于 10℃；土壤湿度经常保持在 80%～85%。白天空气相对湿度保持在 70%左右，夜间为 85%～90%。同时尽可能增加光照强度，适宜的光照时间为 8～10 小时。此期苦瓜的植株生长发育缓慢，株体小，需肥需水少，在施足基肥(先植作物定植前施的基肥)和套植时“窝里放炮”施饼肥的基础上，一般不缺肥，所以无须对苦瓜追肥。同时，通过对先植共生作物的肥水供应管理，足以满足苦瓜对肥水的需求。

白绢病是造成苦瓜全株枯萎的严重病害，尤其秋冬茬苦瓜伸蔓期的高温、高湿更有利于苦瓜白绢病菌的发生、传播和侵染，往往给苦瓜生产带来毁灭性灾害。因此，对苦瓜白绢病要防重于治，及早喷淋5%井冈霉素水剂1 000倍液，每株喷淋药液0.5千克。这是苦瓜伸蔓期重要的管理措施，不可疏忽。

（六）苦瓜持续结瓜期的管理

苦瓜在持续结瓜期具有分枝多、枝叶繁茂、结瓜多、瓜果膨大快，可实现高产的特点。日光温室套作苦瓜，每667平方米产量一般达7 000～8 000千克，高产者达1万千克，是苦瓜露地栽培产量的2～3倍。其高产的原因，是由于设施园艺为苦瓜提供了光照、温度、水分、空气、肥料等良好的生态环境条件，并延长了苦瓜的生育期，使其持续结瓜期长达7～8个月，为露地栽培苦瓜持续结瓜时间的3倍。苦瓜的持续结瓜期也是植株茎叶生长的旺盛期，此期株体生长量占全部生长量的95%以上。在此期内，随着季节及外界气候条件的变化和植株的生长发育进程，植株生态状况也产生较大变化。因此，在此期栽培管理上，必须因外界气候条件的变化和植株生态状况制宜，创造和改善日光温室内有利于苦瓜旺盛生长茎叶和持续开花结瓜的条件，才能实现优质高产。

1. 持续结瓜前半期的栽培管理

（1）整枝架蔓 日光温室套植的苦瓜进入始收商品嫩瓜期时，主蔓已长至2米多长，为使其植株生长发育免受不良影响，对温室内的先植共生作物应适当提前拉秧倒茬，使苦瓜由与先植作物间作共生转为纯作单生。苦瓜的绝大多数品种易发生分枝，且主、侧蔓生长旺盛，到始收商品瓜时期若不及时整枝架蔓，就会影响光照条件和造成植株营养无效消耗，妨碍主、侧蔓正常旺盛生长和开花坐瓜。因此，需要在先植共生作物拉秧倒茬后，及时对苦瓜整枝架蔓。整枝架蔓的方法要因套植栽培模式制宜。

对于与先植作物隔行套植高密度(每667平方米套植2 000～3 000棵)栽培的苦瓜，宜单蔓整枝，留主蔓吊架。即对于主蔓上的侧蔓，视其1～3节没有雌花的，要及时抹掉；1～3节中有雌花的，要在雌花后留1叶打去枝尖，保留侧枝上近主蔓的雌花结瓜，当此瓜摘收后，再彻底剪去这一打去顶心的短枝(短蔓)。利用原来吊架先植共生作物的吊绳呈“S”形吊架苦瓜的主蔓(单蔓)。当主蔓攀缘生长达吊绳上端时，结合降蔓进行整枝，并将降下的老蔓部分盘落于植株根基地表处的地膜之上。植株的上部仍呈“S”形吊架于吊绳上。在整个持续结瓜期，如此整枝降蔓、盘蔓和吊蔓，可使苦瓜的茎、叶在顺行吊架上有条不紊地均匀分布，不仅便于栽培管理，而且可改善透光通风条件。

对于3～3.6米宽的行距、每667平方米套植300～450棵、宜平架栽培的苦瓜，在主蔓未上平架之前，一般不留侧蔓，当主蔓攀上平架后，对主蔓发生的侧枝和侧枝发生的次侧枝都保留，使其形成侧蔓和次侧蔓，在平架上匍匐生长。但应注意在上架后及早进行顺蔓调蔓，使蔓、叶在平架上面均匀分布，改善受光条件。

(2)光照、温度调节　强光和较长的日照和较高温度，有利于促进苦瓜结瓜期茎叶旺盛生长和幼瓜加快膨大。但秋冬茬和越冬茬苦瓜持续结瓜的前半期正处于日照时间较短、光照强度弱的寒冷冬春季节。因此，争取延长光照时间，增加光照强度以增温和保温，是日光温室秋冬茬和越冬茬苦瓜持续结瓜前半期管理的首要技术问题。要达到日照时间不少于8～9小时，晴天上午10时至下午2时植株上半部叶面的光照为中光照以上强度，即达4万勒克斯以上。白天温室内气温保持在18℃～28℃，夜间保持12℃～18℃。温室内气温日变化为：由凌晨的12℃上升至中午的28℃，当午后温室内气温超过30℃时立即开天窗通风降温，当降至25℃

时关闭天窗停止通风。日落前盖草苫时为21℃～22℃。上半夜不低于16℃,下半夜不低于12℃。若遇连阴雪天气,白天温室内气温应保持不低于18℃,夜间不低于10℃,凌晨短时最低温度不低于8℃。

这段时间日光温室内的光、温管理的主要措施是:①坚持早揭晚盖草苫,争取延长光照时间。勤擦拭棚膜,清除棚膜上的尘土、草屑,保持膜面清洁和良好的透光性。在温室内后墙上张挂镀铝聚酯反光幕,利用反射光照增加温室内的光照强度。②利用顺行吊架铁丝的两头能东西向移动的特点,扩大植株小行空间。同时还可利用吊蔓绳能够在吊架顺行铁丝上南北向移动的特点,调整株距间吊蔓的分布距离,从而改善植株行距和株距间上下空间的光照条件。③根据苦瓜耐低温性能差、耐湿性能强的特点,在冬季管理上要减少通风排湿的时间和通风量,以加强防寒保温。④在严寒冬季的夜间,覆盖草苫后,在棚面增盖一层整体塑膜,以加强防寒保温。⑤遇到连续阴雪天气时,白天及时扫除棚膜上面的积雪,争取散光照和刹那间半晴或晴光照。也可于温室内安装电灯或其他灯补光。⑥遇到连续4～5天以上的阴雪天气又骤然转晴后,切勿早揭和全揭草苫。应揭“花苫”,喷温水,防止闪秧死棵。适当推迟揭草苫接受光照的时间,并且要隔1个草苫或隔2个草苫揭开1个草苫,使温室内栽培床面积上隔片段受光和遮光。当受到阳光照射的苦瓜植株出现萎蔫现象时,立即喷洒10℃～15℃温水,并将揭开的草苫再覆盖,将仍盖着的草苫揭开。如此操作管理一个白天,第二天可按常规管理拉揭草苫,就不会出现萎蔫闪秧。

(3)水肥供应　从始收商品嫩瓜开始,浇水时要结合追肥。随着植株生长量逐渐加大,浇水间隔时间由12～15天逐渐缩短为8～10天;追肥间隔时间由隔一次浇水冲施一次磷、氮化肥,过渡到每次浇水都随水冲施钾、氮化肥。每次每667平方米冲施尿素

7～10 千克、磷酸二氢钾 7～8 千克。冲施化肥的方法是先将肥料用水溶化后，浇水时在水沟头逐渐加入冲施，此期浇水的间隔天数并非固定不变，而是要选择晴朗天气的上午浇水。遇阴天或特别寒冷的天气不要浇水。若因干旱必须在阴冷天浇水时，要浇 15℃～20℃的温水(即用热水与冷水对成 15℃～20℃的温水)，并于膜下沟里轻浇。此期，为了保温，日光温室通风换气量要少，更需要定时施二氧化碳气肥。为促使苦瓜植株消毒灭菌、强根壮蔓、优质高产，要追施含有钙、镁、硅、硫及 24 种微量元素和稀土元素的活性钙肥。追施的方法是：在浇水前撩起大垄间的地膜边，把活性钙肥穴施入沟旁，然后盖好膜边，膜下浇水。其追施量一般为：pH 值大于 7 的土壤(偏碱性的)每平方米施 0.15～0.2 千克，pH 值小于 7 的土壤(偏酸性的)每平方米施 0.2～0.25 千克。生产实践证明，苦瓜等瓜类蔬菜作物施用活性钙肥，一般可增产 25%～30%，且可溶性固形物含量提高 2%～3.5%。

(4)人工授粉、激素处理瓜胎和及时采收　商品瓜造成苦瓜出现间歇性结瓜症状的主要因素是落花和化瓜。落花的原因主要是未授粉或授粉不良，尤其在冬春寒冷时期，温室内无蜂类等昆虫传粉，雌花因未授粉受精而脱落。因此，应坚持在开花结瓜期内每天上午揭开日光温室的草苫后及时进行人工授粉，摘取当日清晨开放的雄花，去掉花冠，将雄蕊散出的花粉涂抹在雌花蕊柱头上。还可用强力坐瓜灵(0.1%吡效隆)稀释液蘸瓜胎。苦瓜化瓜的原因主要是正在生长膨大的嫩瓜与同一条蔓上后坐住的幼瓜争夺植株营养，后坐的幼瓜因缺少营养而化瓜。因此，及时采收商品瓜可减少化瓜。所以，在日光温室苦瓜生产上，进行人工授粉、用强力坐瓜灵稀释液蘸瓜胎和及时采收商品嫩瓜，能有效地解决苦瓜间歇结瓜问题，从而增加产量。

(5)病虫害防治　秋冬茬和越冬茬苦瓜的持续结瓜前半期，正处在冬春外界气候寒冷时期，因温室内温度较低，为保温而通风排湿量小，温室内湿度大，为避免进一步加大日光温室内的湿度，防治病虫害不宜采用喷雾剂，宜喷施粉尘药剂和用烟剂熏烟。

2. 持续结瓜后半期的栽培管理 日光温室秋冬茬、冬春茬苦瓜的持续结瓜后半期处在春、夏、秋季。此期日照时间较长，光照强度较大，这有利于日光温室的光照和温度管理，也有利于植株生长和结瓜。尽管此期是苦瓜逐渐趋于衰老的时期，但只要加强常规管理，及时满足肥水供应和防治病虫害，注意预防晚春寒流晚霜冻和早秋寒流初霜冻侵害，就可使苦瓜后期生育壮旺，延长产瓜盛期，使此期的产瓜量占总产瓜量的60%左右，获得高产。

(1)肥水供应 因此期植株生长量进一步增大，瓜条膨大速度加快，蒸腾作用增强，所以耗肥耗水量增大。故此，要加强肥水供应，满足植株所需，一般7～8天浇1次水，每次水冲施钾肥和氮素化肥，每次每667平方米冲施硫酸钾和尿素各7～8千克。为促发新根、促进壮秧，可在大行间垄沟两侧撩折起地膜边，每667平方米撒施活性钙肥100～130千克，在地面喷洒强力壮根剂200毫升(对水150～200倍)，而后划锄松土，重盖上地膜，在膜下大行间浇水。为保护叶片，提高光合速率，还可向叶面喷洒光合微肥、整合微肥等叶面肥料。

(2)预防晚春和晚秋寒流霜冻 日光温室撤去草苫等不透明覆盖保温物的最早时间是在晚霜期(终霜期)后20天；而上草苫的最晚时间是在初霜期前20天。在晚春和晚秋，要特别注意收听当地的气象预报，若遇寒流或霜冻天气，夜间要覆盖草苫和封闭通风窗口。若遇连续7天以上的阴雨低温天气，阴雨时白天棚面不盖草苫，但在天气转晴朗的第一天的白天，应于棚面上覆盖"花苫"，即在日光温室透光的前坡面上隔段盖草苫，以防止因光照强度大，使温室内气温骤然升高，造成叶面蒸腾量过大导致萎蔫闪秧。

(3)温室温度调节 苦瓜结瓜期所需要的适宜温度并非绝对的，而是随着光照强度的增大和日照时间的延长，所需要的适宜温度也有所提高。此期外界自然气温已适宜苦瓜正常生育和开花结瓜的需要，所以温室温度的管理不是以增温保温为主，而是以通风降温、调节温度为主。在正常的天气情况下，可昼夜大开天窗，并从前窗底脚撩起前窗棚膜，使日光温室昼夜通风。把温室内的温度调节成基本与外界自然温度相同，一般白天为 18℃～28℃，夜间为 14℃～18℃，即可满足苦瓜结瓜期的要求。

(4)其他管理措施　苦瓜生育后半期易发生苦瓜斑点病，若不及时防治，会使绿色功能叶片发生褐色—灰褐—灰白色病斑，严重时使叶片干枯，将严重影响后期产量。栽培管理与防治病害的方法是：适当增施钾肥，叶面喷施含有蔗糖的氨基酸高效肥，避免过多施用氮肥；定期叶面喷施植宝素、喷施宝、旱地龙等促进植物生长剂；注意对瓜蚜、白粉虱、瓜实蝇、茶黄螨等病害的及早防治。

第五章　日光温室苦瓜土壤障碍控防技术

一、土壤板结

(一)土壤板结的表现

日光温室土壤表层形成片块状、土壤黏重、透气性差、渗水慢，说明土壤团粒结构遭到严重破坏。这种情况多出现在种植多年的或者使用推土机新建造的苦瓜日光温室，这是土壤板结严重的表现。

(二)土壤板结的原因分析

1. 使用化肥不合理　长期单一地施用化肥，土壤中的腐殖质不能得到及时地补充，会引起土壤板结，还可能发生龟裂。向土壤中过量施入氮肥后，微生物的氮素供应增加 1 份，相应消耗的碳素就增加 25 份，所消耗的碳素来源于土壤有机质，有机质含量低，影响微生物的活性，从而影响土壤团粒结构的形成，导致土壤板结。向土壤中过量施入磷肥时，磷肥中的磷酸根离子与土壤中钙、镁等阳离子结合形成难溶性磷酸盐，既浪费磷肥，又破坏了土壤团粒结构，致使土壤板结。向土壤中过量施入钾肥时，钾肥中的钾离子置换性特别强，能将形成土壤团粒结构的多价阳离子置换出来，而一价的钾离子不具有键桥作用，土壤团粒结构的键桥遭到破坏，导致土壤板结。

2. 使用推土机筑墙体　新建日光温室时，推土机把熟土层(即耕层)推到墙体上，而留下的耕作土壤为原来的生土层，土壤中有机质含量较低，土壤多为柱状或块状结构，而团粒结构含量很少，土壤非常黏重，通气、透水性极差，不利于苦瓜根系的生长发育。土壤缓冲能力弱，已造成盐分积累，发生次生盐渍化。

3. 优质有机肥投入量少　改良土壤、配肥地力的土壤有机质含量不高，土质更新缓慢导致土壤肥力下降，造成土壤板结。

4. 灌水不科学　大水漫灌或沟灌，破坏了灌溉行土壤团粒结构，造成土壤板结、通气、透水性能下降。

5. 栽培管理不善　苦瓜定植后，在整枝、打杈、喷药、施肥、采收等栽培管理工作中，操作行土壤被踩压、踏实，也是造成土壤板结的重要原因之一。

（三）改良途径

1. 增施有机肥料　有机肥料的使用要切实注意有机质的含量问题，因为只有高有机质含量的有机肥料才具有培肥地力、改良土壤的效果，而含氮量高的有机肥料改良土壤的效果不十分明显。例如鸡粪含氮量虽然较高，但它在土壤中分解较快，培肥地力、改良土壤的效果较差。

2. 实行秸秆还田　麦穰、麦糠、粉碎的玉米秸等都是目前较好的有机肥资源，其有机质含量高，改土效果非常明显。一般在作物定植前20～30天，每667平方米施用1000千克左右的秸秆，灌足水，盖上地膜，盖严日光温室薄膜闷棚，既具有良好的改良土壤的效果，还能有效地消除日光温室土壤的次生盐渍化，而且投资少、见效快。

3. 增施微生物肥料　土壤中施入微生物肥料，微生物的分泌物能溶解土壤中的磷酸盐，将磷素释放出来，同时可将钾及微量元素阳离子释放出来，以键桥形式恢复团粒结构，消除土壤板结。

4. 施用高效土壤改良剂松土精　松土精是英国汽巴净化水处理有限公司采用国际尖端科学技术生产的高效土壤改良剂。它能有效地增加土壤团粒结构，消除土壤板结，大大增强使土壤渗水、保肥、保水能力提高土壤的通气性，促进土壤有益微生物的生长发育，提高肥料利用率，减少土传病害的发生。施用这种肥料，苦瓜根系粗大、增产效果明显，在冬春低温季节表现尤为突出。据测定，每667平方米使用松土精500～1 000克，土壤改良效果明显，可作基施肥、冲施肥施用。

5. 适度深耕 科学的深耕应为30厘米左右，这样的深度有利于保护土壤耕作层结构不被破坏，并有利于作物根系生长。

二、土壤盐害

（一）土壤盐害的表现

土壤发生盐害，地表出现白色的结晶物，特别在土层干旱和日光温室休闲期易于发生。个别严重的地块出现青霉和红霉（青霉和红霉为磷、钾过剩所孳生的微生物）。

盐害对苦瓜的影响可分为以下四个阶段。

第一阶段：土壤盐分浓度在0.3%以下，此阶段苦瓜基本上没有盐害表现。

第二阶段：土壤盐分浓度达到0.3%～0.5%，此时苦瓜也没有直接表现盐害症状，但已受到间接的生理病害，根系发育受严重影响。在气温升高时，植株发生萎蔫，增加灌水量也不能消除萎蔫，易引起其他病害，产量下降。土壤干燥时，表层出现坚硬的结皮层。

第三阶段：土壤盐分浓度升高至0.5%～1%，这时苦瓜表现出生理病害症状，生长受到抑制，叶小并萎缩，叶色深绿，叶缘翻卷；生长点处嫩叶表现出叶缘黄化和卷缩，中部叶片边缘出现坏死斑，严重时连成片，呈现似镶金边的症状；根系发黄，不发新根。在土壤并不缺水的情况下，植株白天萎蔫，但到早晨又恢复生机，如此循环最终枯死，造成绝产。

第四阶段：土壤含盐量超过 1%，苦瓜幼苗不能成活，或成活的苦瓜苗生长缓慢，叶缘出现褐色枯斑，根系发黄，生长点受损，植株出现萎缩，并逐渐枯死。

（二）土壤盐害的原因分析

1. 盲目施肥形成土壤盐害　有的菜农对各类肥料在植株生长发育中所起的作用和所产生的影响了解不够全面，主要表现在以下 3 个方面：一是偏施某一种肥料。寿光市以前最普遍的做法是基肥大多以含养分较高、盐分也较多的鸡粪为主，这样便将较多的盐分带到土壤中，使土壤产生盐害，但仍误认为多施肥能高产出，不考虑作物需肥量及种类，盲目和大量地施肥，致使肥料利用率降低，且造成土壤中氮、磷、钾比例失调，引起土壤盐分偏高；二是生施人、畜尿和施入带有大量副成分的化肥，造成土壤盐渍化；三是盲目增施化肥。化肥施入土壤以后，一部分被作物吸收，一般利用率在 20%左右，大部分随水流失或被土壤固定，这部分占总施肥量的 80%左右。被土壤固定的盐和地下水上行导致的返盐，造成了土壤的积盐现象。

2. 日光温室设施的特定环境容易形成盐害　日光温室是人为创造的有利于苦瓜反季节生产的小环境，一般盖膜时间较长，特别是日光温室苦瓜一年内揭去顶膜的时间仅在 6～10 月份，甚至常年不去顶膜，雨水冲刷时间较短，为盐分积累创造了条件。此外，日光温室内温度相对较高，土壤水分被植株吸收的数量和蒸发量较大，地下水中的盐分随水带到耕作层而积聚。

3. 土质黏重　土质黏重则保肥性强，养分流失少，特别是在日光温室内无雨水淋洗，肥料用量比露地栽培大，长期耕作后加重了土壤盐化。尤其是连作土壤年复一年，土壤障碍有增无减。

4. 不良的耕作措施 浅耕、面施肥料、表面灌溉等栽培措施也加剧了盐分向表土集中，如果日光温室土壤的地下水位高，排水不畅，也容易引起盐分在土表积聚。

（三）改良措施

1. 地膜覆盖 日光温室苦瓜垄面覆盖地膜，除能保温、保水、保肥、驱蚜虫和降低株间湿度外，还有抑制土壤盐渍化的作用。据试验，对盖膜畦与不盖膜畦的对比测定结果，盖膜畦 0～5 厘米土层的含盐量盖膜的为不盖膜的 60%。但是这种治盐方法只是暂时的治标措施，因为此法的作用仅局限在 0～5 厘米土层，对 5～25 厘米土层内总盐量并没有减少，揭膜后盐分仍会随土壤水分运动而上升。

2. 深耕灌水洗盐 日光温室苦瓜收获后，利用休闲期深耕整平，做成大畦后放大水浇灌 1～2 次，如果能利用地下管道排水更好。

3. 种植吸盐作物 利用休闲阶段种植苜蓿、绿豆、大豆或玉米，为不耽误下一茬苦瓜种植，可作为牲畜的青饲料及时拔除。

4. 增施有机肥料 每 667 平方米可增施牛马粪若干方，也可把作物秸秆铡碎撒施深翻于土壤中，每 667 平方米以施用 1 000 千克为宜。如果施用草炭或稻壳、麦壳 10 立方米以上，效果更好，还可配合基施优质猪粪或鸡粪 10 立方米以上。

5. 增酸压碱 如果测土壤 pH 值超过 7.5 以上时，可每 667 平方米土壤随水冲施醋酸溶液（食醋）10 千克左右，也可随水冲施磷酸铜 2～3 千克。

6. 科学合理地施用化肥和土壤结构改良剂 根据土壤养分分析及肥料试验结果，确定最适宜的施肥量和最协调的肥料养分配比。改变施肥方式，基肥深施，追肥限量。用化肥作基肥时，将化肥与有机肥混合撒入地面，然后进行深翻。追肥一般较难深施，应严格控制每次施肥量，宁可增加追肥次数，也不可一次施得过多。合理使用化肥，亦可降低土壤中的硝酸盐浓度。追肥可采用滴灌施肥技术。同时大力推广根外施肥。保护地内施用较好的肥料有腐殖酸类肥料，此类肥料能活化土壤，使土壤疏松，能够源源不断供给作物生长所需的各种营养元素，肥效期长，并含有刺激作物生长素，促进作物生长发育，提高抗逆性，作基肥、追肥均可。另外，可根外追施土壤磷素活化剂、EM原露等生物制剂，能提高肥料利用率，降低肥料投入，提高苦瓜的抗重茬、抗病虫害能力，增强植物代谢功能，在一定程度上可缓解连作障害，减轻土壤酸化和盐渍化。

7. 合理灌溉 日光温室苦瓜尽量采用沟灌或滴灌，避免大水漫灌。沟灌能够保持土壤表层干爽，使耕层水气协调。滴灌更能保持耕作层土壤湿润，维护土壤团粒结构，减弱水分向上运动。而大水漫灌将破坏土壤良好结构，使土壤理化性质变劣，导致苦瓜作物根系因呼吸作用受阻而生长缓慢。采用滴灌或微喷灌技术，改变传统灌溉技术。保护地不宜小水勤施，应浇足灌透，将表土聚集的盐分下淋和降低土壤溶液浓度。可采用节水灌溉措施，如滴灌、微喷灌降低温室内湿度，减轻苦瓜病害发生，有效地防止土壤板结，并以水调肥，较好地防止土壤盐害加剧和酸化。

8. 加深土壤耕作层 由于日光温室等保护地土壤的盐类积聚在土壤表层，所以在蔬菜收获后，要进行深翻，把富含盐分的表土翻到下层，把相对含盐较少的下层土壤翻到上面，这样可大大减轻盐害。

以上改良盐渍化土壤的措施，采用时要因地制宜，可根据实际情况分别实施，也可综合运用。

三、土壤酸化

(一)土壤酸化的表现

土壤酸化主要表现在以下4个方面:①酸性土壤孳生真菌,根际病害加重,且控制困难,尤其是苦瓜根腐病、黄萎病增多。②土壤结构被破坏,土壤板结,物理性变差,蔬菜抗逆能力下降,抵御旱涝自然灾害的能力减弱。③在酸性条件下,铝、锰的溶解度增大,有效性提高,对苦瓜产生毒害作用。④酸性条件下,土壤中的氢离子增多,对苦瓜吸收其他阳离子产生拮抗作用。

(二)土壤酸化的原因分析

土壤酸化的原因主要有以下4点:①日光温室苦瓜的高产量,从土壤中带走了过多的碱基元素,如钙、镁、钾等,导致土壤中的钾和中微量元素消耗过度,使土壤向酸化方向发展。②大量生理酸性肥料如硝酸铵、硫酸铵的施用,日光温室温湿度高,雨水淋溶作用少,随着栽培年限的增加,耕层土壤酸根积累严重,导致了土壤的酸化。③由于日光温室复种指数高,肥料用量大,导致土壤有机质含量下降,缓冲能力降低,土壤酸化问题加重。④高浓度氮、磷、钾复合肥的投入比例过大,而钙、镁等中微量元素投入相对不足,造成土壤养分失调,使土壤胶粒中的钙、镁等碱基元素很容易被氢离子置换。

(三)改良措施

1. 增施有机肥 增施有机肥,不仅可增加日光温室土壤有机质含量,提高土壤对酸化的缓冲能力,使土壤pH值升高,而且日光温室中有机物料分解利用率高,增加了土壤有效养分,改善了土壤结构，并能促进土壤有益微生物的发展，抑制苦瓜病害的发生。

2. 平衡施用化肥　根据土壤养分含量状况、苦瓜产量水平及需肥规律，合理施用氮、磷、钾及微量元素肥料，既可协调土壤养分平衡，又可减缓土壤盐渍化和酸化。减少硫酸铵、氯化铵、氯化钾等生理酸性肥料的施用。

3. 施入生石灰　生石灰可中和土壤酸性，提高土壤 pH 值，直接改变土壤的酸化状况，并且能为苦瓜补充大量的钙。

生石灰的施用方法：将生石灰粉碎，使之大部分通过 100 目筛。整地前将生石灰和有机肥分别撒施，而后通过耕耙使生石灰和有机肥与土壤尽可能混匀。

生石灰的施用量：土壤 pH 值为 5～5.4 的，施生石灰 130 千克（每 667 平方米用量，以调节 15 厘米酸性耕层土壤计，下同）；pH 值为 5.5～5.9 的，施生石灰 65 千克；土壤 pH 值为 6～6.4 的，施生石灰 30 千克。

四、土壤养分元素失调

（一）表　现

土壤营养元素比例失调时，肥料利用率偏低，整体肥力水平低。

（二）原因分析

1. 施肥量大，结构不合理　不少菜农受“施肥越多产量越高”的观念影响，为了获取较高产量和经济利益，化肥投入过大，造成部分日光温室特别是高龄日光温室土壤氮、磷、钾有一定的盈余。氮、磷、钾施用比例不协调，由于受习惯及传统的影响，有的菜农偏施尿素、碳铵等氮肥，有的菜农偏施磷酸二铵等含磷量极高的复合肥，造成磷含量偏高，钾及其他元素相对不足，成为影响日光温室苦瓜高产的障碍因素。同时由于过量的不平衡施肥，造成土壤盐积累和硝酸盐污染。硝酸盐的积累与总盐的积累有相同的趋势，土壤中硝酸盐的积累会导致苦瓜中硝酸盐含量超标。硝酸盐在人体内易转变成致癌物，危害人们的健康。不少菜农偏施氮、磷、钾肥而对微肥重视不够，使用少或不施，养分不平衡性加剧，引起苦瓜生理病害增多。

2. 忽视粗有机肥的施用 有的菜农只注重施禽粪肥、菜饼、人粪尿等精有机肥。由于这些速效性有机肥浓度高，分解快，能在土壤中及时转化为无机养分，在化肥用量本身较高的情况下，更加剧了肥料过量，导致酸化、盐化。而粗有机肥肥料如猪羊栏肥和稻草秸秆用量少或不用，不利于改良土壤和补充营养元素。

（三）改良途径

1. 增加有机肥料施用量，加快培肥地力 有机肥料、作物秸秆是土壤有机质的主要来源，同时富含多种作物生长所需的营养元素。施用有机肥料、实行秸秆还田能改善土壤的理化性状，促进作物对化学肥料的吸收，提高化肥利用率，改善农产品品质。更主要的是增加了土壤有机质含量，提高土壤保肥、供肥能力，为稳产高产奠定了基础。日光温室土壤应重点施用优质有机肥料。

2. 大力推广配方施肥 开展作物配方施肥，改变传统、盲目的施肥为定量、科学的施肥，充分提高肥料的利用率和作物产量，改善产品品质，提高经济、生态和社会效益。配方施肥就是按照栽培目标，科学地设计并实施最佳施肥方案，实现以最少的投入，取得最佳经济效益，其核心是根据土壤养分化验及肥料试验结果，确定最适宜的施肥量和最协调的肥料养分、种类配比。苦瓜以目标产量7 500千克/667米^{2}计，最佳用量为N 54、P_2O_5 35、K_2O 50千克/667米^2，其比例为1∶0.65∶0.93，折合尿素（N46%）117.4千克，过磷酸钙(P_2O_5 14%)250千克，硫酸钾(K_2O 50%)100千克。用1/3作基施，用2/3分多次追肥。

3. 推广施用生物肥料 增施生物肥料，可促进苦瓜吸收利用土壤中的营养元素，有助于土壤中营养元素肥效的提高，减少化肥使用量。据化验结果，部分日光温室土壤氮、磷、钾含量较高，土壤表层盐分积累严重，作物生理缺素增多，其原因在于施肥不合理，部分菜农寄望于高肥量投入，比正常用量多几倍乃至几十倍化肥的投入，致使产生肥害和土壤障碍。合理增施生物肥料，如根瘤菌肥、固氮菌肥、解磷菌类肥、解钾菌类肥或几种菌类的复合肥，由于这类肥料养分全，肥效平稳，对于苦瓜高产优质，活化土壤中的氮、钾、磷及镁、铁、硅等元素，提高磷、钾及某些土壤中的微量元素的有效性及其供应水平，减轻土壤障碍因子有独特作用，也是生产绿色食品苦瓜的理想配套肥料。

五、土传病害

(一)表　现

多年种植苦瓜的日光温室，土壤中病原菌数量远高于一般大田，作物根系极易受到病原菌侵染而发病，如枯萎病、根腐病等。

(二)原因分析

日光温室复种指数高，造成土传病害增多的原因，具体表现在以下两个方面：一是日光温室苦瓜连作较为普遍，使各种病原菌易在土壤表层大量积聚，特别在日光温室小气候环境下迅速生长繁殖，病原菌的数量急剧增多；二是冬季日光温室保温设施更为病原菌安全越冬提供了良好的条件。

(三)防治方法

1. 实行轮作 轮作是防止土传病害经济有效的措施。合理进行作物间的轮作,特别是水旱轮作(例如,6～7 月份在日光温室休闲期种一茬水稻),对预防土传病害的发生可收到事半功倍的效果。

2. 选用良种 选用抗病的苦瓜品种,可大大地减轻土传病害的危害。

3. 改进栽培方法 通过改进栽培方法可达到防止土传病害的目的。栽培防病有如下几种方法:①深沟高畦栽培,小水勤浇,避免大水漫灌。②合理密植,改善作物通风透光条件,降低地面湿度。③清洁温室,拔除病株,并在病穴内撒施石灰。④避免偏施氮肥,适当增施磷、钾肥,提高作物抗病性;在作物生长中后期结合施药,喷施叶面肥 2～3 次。

4. 土壤消毒 ①石灰消毒。在翻耕前,每 667 平方米撒施石灰 50～100 千克。石灰既可杀菌又可中和土壤的酸度。②大水浸泡。有条件的地方可利用作物休闲季节,将水堵起来浸泡土壤。浸泡时间越长,效果越明显。如果浸泡 20 天以上,可基本控制线虫危害。③高温消毒。日光温室在高温季节将土壤翻耕后盖上地膜,再盖上棚膜,地面温度可达到 50℃以上,能杀死土壤中部分病菌。④药剂消毒。防治真菌性病害可选用 30%噁霉灵 500～800 倍液、30%瑞苗清(噁霉灵加甲霜灵)1 000 倍液,5%井冈霉素水剂 500～800 倍液,噁霉灵 500～1 000 倍液淋施土壤,或按每 667 平方米用药 3～5 千克拌适量的细土均匀撒施。防治细菌性病害,可选用 88%水合霉素(由放线菌经发酵培养制成的抗生素类杀菌剂)1 000 倍液,72%农用链霉素 3 000～5 000 倍液或适量络氨铜淋施土壤。采用药剂进行土壤消毒应在播种前进行。

5. 增施有机肥 坚持采用有机肥、无机肥相结合的施肥体系，增施有机肥，最好施用纤维素多（即碳氮比高）的有机肥，对增加土壤有机质，改善土壤理化性质，增加土壤团粒结构和孔隙度，丰富作物营养元素特别是微量元素，增加土壤有益微生物的数量和活性，抑制有害微生物的繁衍生长，使土壤水、肥、气、热诸肥力要素和谐协调具有重要作用。同时，还能提高土壤的吸附能力和阳离子交换量，增强土壤持水持肥能力，从而缓解土壤次生盐渍化的发生，有利于提高作物的抗逆能力，增加作物的产量，改善作物的品质。

六、利用石灰氮进行土壤综合改良

连作 3 年以上的日光温室，普遍发生根结线虫和死棵的问题，有的甚至造成了毁灭性的损失。因此，如何杀灭根结线虫，解决好苦瓜死棵问题，已成为生产上必须认真对待的突出问题。目前，防治效果良既好，又能适应无公害生产要求的日光温室土壤消毒方法是石灰氮（氰氨化钙）消毒法，消毒之后配合施用有机肥和生物肥，可起到事半功倍的效果。

（一）石灰氮消毒方法的具体实施

1. 时间选择　选在作物已收获，温室已经过清洁，一般在 7～9 月份。此时期距离下茬作物种植还有 2～3 个月，正是夏秋季节温度高、光照好的有利时机。

2. 撒施有机物　每 667 平方米施用稻草、麦秸或玉米秸秆（最好切为 4～6 厘米的小段，以利于耕翻整地）等有机物 1 000～2 000千克和石灰氮颗粒剂 80 千克均匀混合后撒施于土层表面。

3. 深翻混匀　用人工或旋耕机将撒施于土层表面的有机物和石灰氮均匀深翻入土中，深翻以 30 厘米以上为好，应尽量扩大石灰氮与土壤的接触面积。

4. 起垄做畦 垄高以25厘米，宽以30厘米为宜。垄整平后做成宽1.8米的畦(一间温室做2个畦)，也可以按定植行距起垄。

5. 密封地面 用透明薄膜将土地表面完全覆盖封严(立柱根用土或砖块压严)。

6. 膜下灌水 从薄膜下灌水，直至畦面灌足湿透土层为止。

7. 密封日光温室 修理好日光温室薄膜破损处，将日光温室完全封闭。利用太阳光加温，20～30厘米土层温度可达50℃左右，地表温度可达70℃以上，持续15～20天，即可有效杀灭土壤中的真菌、细菌、根结线虫等有害微生物。

8. 揭膜晾晒 消毒完成后，揭膜翻耕畦面，3天以后方可播种定植作物(定植前可移栽少量秧苗试验)。

(二)注意事项

消毒要做到"三严、三足、一不得"。三严：一是石灰氮要撒严，必须全温室地面全部撒严，不留死角；二是地面封严防漏气，有利于提高处理效果；三是棚膜封严，尽量提高棚温和土壤温度。三足：一是灌水要足；二是封棚时间要足；三是揭膜晾晒时间要足，晾晒不足会影响秧苗生长。一不得：操作人员作业前后24小时内不得饮用任何含酒精的饮料，以防止气体中毒。

用石灰氮消毒后，碳石灰氮最终完全降解为尿素、氢氧化钙等物质，不会产生任何污染，有利于无公害苦瓜的栽培。

(三)配合施用有机肥、生物肥

采用石灰氮结合高温闷棚进行日光温室土壤消毒，在杀灭线虫的同时，既可对生存在土壤中的有害土传病菌(如立枯丝核菌、疫霉菌、腐霉菌、青枯菌、枯萎菌等)进行有效杀灭，同时也杀灭了土壤中有益的微生物(如解磷、解钾的硅酸盐菌、放线菌等)。未经腐熟的畜禽粪肥、人粪尿和作物秸秆有机物都含有有害病原菌，因此，所有有机肥应在日光温室土壤消毒前一起施用到日光温室中，与土壤同时进行消毒。消毒后，尽量不再基施未经腐熟的有机肥，以防止温室重新传入有害微生物，造成前功尽弃。

经石灰氮消毒后，土壤中的有益微生物菌已被杀灭，而有益微生物菌群，是苦瓜生长发育所必需的，为此要采取以下两项措施培育有益微生物：①定植前，顺栽培行沟施 EM 菌肥或 CM 菌肥或酵素菌肥(施用正规厂家生产的)100～150 千克，施后小水顺沟浇灌或隔行浇水一次。②定植前，每 667 平方米随水冲施微生物菌原液 2 千克；定植后冲施微生物菌原液 2～3 次，每隔 10 天施 1 次，每次每 667 平方米施 2 千克左右。也可两种方法结合施用。施用微生物菌肥以后，绝不能再施用杀菌剂土壤消毒或灌根；植株无病害症状时，少喷施化学杀菌剂。

七、利用生物反应堆技术改良土壤

秸秆生物反应堆技术又称二氧化碳缓释富氧秸秆发酵技术，是一项能够有效解决设施蔬菜土壤连作障碍、提高蔬菜产量、改善蔬菜品质的创新栽培技术。在日光温室中应用秸秆反应堆技术，改变了过去“头痛医头，脚痛医脚”错误防治理念，采用中医的“正本修元”方法，对调节土壤中微生物的平衡，起到了改良土壤的效果。

(一)生物反应堆技术的原理

土壤中存在着大量微生物，包括真菌、细菌、病残害、病毒和原生生物，这些微生物的生物总量，每 667 平方米耕层土壤达到了 100～1000 千克。这些微生物绝大多数是有益的，如有机物的分解需要微生物，化肥的分解和转化需要微生物，岩石、矿物或风化土壤中各种矿质养分的分解与释放需要微生物，还有豆科作物的根瘤菌的分解也需要微生物。一些原生生物的活动及分泌物等都会对作物的生长起到很好的促进作用。土壤中有害的微生物只占极少数，如枯萎病病原物、根腐病病原物、根结线虫等。这些微生物在土壤中，既互相依存，又相互制约，有的还是共生或互生关系。如放线菌感染线虫后，可使线虫48小时出现死亡，土壤中放线菌若基数增加就可破坏线虫的生存环境，从而起到抑制线虫发生的作用；一些有益的霉菌产生的大量菌丝体或分泌物可抑制有些霉菌的发生和蔓延等。正是由于土壤中各种微生物之间的互补与制约，才维持了土壤中微生物数量和比例的平衡，从而为作物的根系及生长提供了良好的生态环境。

日光温室属半永久性生产设施，由于连续种植，温室内土壤微生物平衡遭到严重破坏。秸秆反应堆技术，是将人工培育的酵素菌通过秸秆这一载体进行繁殖，然后施入土壤，相当于用“养猫”的方式控制“鼠患”，从而调节温室内土壤的微生物平衡。

(二)秸秆反应堆的制作方法

1. 操作时间 在定植前10～15天建造完毕。

2. 秸秆用量 所有植物秸秆均可使用，每667平方米日光温室使用4 000～5 000千克，要用干秸秆。

3. 菌种用量 每667平方米8～10千克。

4. 基肥和追肥用量 化肥第一年减少50%，第二年减少70%，第三年减少90%；基肥不用化肥、鸡粪，可用150～200千克饼肥。

5. 反应堆做法 定植前在小行(种植行)下开沟，沟宽大于小行10厘米，一般为70～80厘米，沟深20厘米，沟长与小行长相等，挖沟时起土分放两边，接着添加秸秆，铺匀踏实，厚度为30厘米，沟两头各露出8厘米秸秆茬，以便于氧气进入。填完秸秆后，撒饼肥，再将每沟所需菌种均匀撒在秸秆上，用铁锨轻拍一遍后，把起土回填于秸秆上，浇水湿透秸秆；3～4 天后，将处理好的酵素菌种撒在垄上，并与 10 厘米表土掺匀，找平垄。接着开沟栽植苦瓜苗，覆土，浇小水，第二天打孔，10 天后盖膜、打孔。

（三）注意事项

制作反应堆要注意以下事项：①秸秆用量要和菌种用量搭配好，每 500 千克秸秆用 1 千克菌种。②浇水时不要冲施化学农药，特别要禁止冲入杀菌剂。③浇水后 4 天要及时打孔，用 14 号的钢筋每隔 25 厘米打一个孔，要打到秸秆底部，浇水后孔被堵死的要再打孔。苗定植 10 天缓苗后再盖地膜，盖上地膜后需在膜上打孔。④减少浇水次数，一般常规栽培浇 2～3 次水，用该项技术浇 1 次水即可，切忌浇水过多。浇水后可用百菌清烟雾熏蒸剂熏蒸一次。该不该浇水可用土法判断：在表层土下抓一把土，用手一攥如果不能攥成团应马上浇水，能攥成团的千万不要浇水。在第一次浇水湿透秸秆的情况下，定植时千万不要再浇大水，只浇缓苗水。浇水可以浇大管理行。⑤前两个月不要冲施化肥，以避免降低菌种、菌苗活性，后期可适当追施少量有机肥和复合肥（每次每 667 平方米冲施浸泡 10 多天的豆饼 15 千克左右，复合肥 15 千克）。⑥要用好菌苗，消除土传病害，减少病害消耗。浇水后 4～5 天，结合整地施入菌苗，整平、耙细反应堆 10 厘米土层，等待定植。

八、老龄温室换土

由于不少老龄温室根结线虫和土传病害日渐严重，虽使用多种方法灭杀，但效果不明显，近年来，部分菜农下大力气在老龄温室内换土，一般是把老龄温室 30 厘米以上的表层土挖出，换上肥沃且无土传病害的田园土。这是一项费时费工的劳作，因此，一定要做到科学合理，以免费时费工却达不到理想的效果。老龄温室换土应注意以下问题。

(一)换土要注意选择合适的土质

一般情况下,应选用肥沃无污染的田园土。需要注意的是,如果老龄温室土壤是黏土,应换上沙质土壤;如果是沙土地,应换上黏性土壤。这样一掺和,更有利于蔬菜的生长。另外,如果土壤偏酸,可用偏碱的土壤中和一下;如果偏碱,就用偏酸一些的土壤进行改良。

(二)换土后要注意增施有机肥

对于换上的新土,即使是取自肥沃的园地,有机质含量也大都达不到1%,因此,换土后应及时增施有机肥。第一次施用有机肥应多一些,每667平方米可施入鸡粪18～20米^3,稻壳粪35～40米^3。如果施用秸秆肥,则效果更好。

(三)换土后要注意土壤消毒

换土后,为避免新土带菌以及老龄温室底层土壤中的线虫侵入新土中为害,一定要进行土壤消毒。可每667平方米棚地用棉隆20～30千克熏闷,彻底消毒灭菌。另外,温室墙体、竹竿和工具也应消一遍毒,可用50%多菌灵1000倍液全棚喷洒。

(四)换土后注意补"菌"

老龄温室换土后,及时补菌很重要。尤其是对于新换上的生土(表土层以下的土壤),生物菌含量很低,应及时给予补充。可在土壤用棉隆熏闷后,配合基施有机肥施入含芽孢杆菌、放线菌的生物肥150～200千克,这样不仅改土效果好,还有抑制土传病害的作用。

第六章　日光温室苦瓜肥水运筹技术

一、日光温室苦瓜科学施肥技术

施肥是满足苦瓜生长发育所需营养元素的重要技术措施，主要包括基肥、追肥和叶面喷肥 3 种方式。

（一）基　肥

基肥是指苦瓜定植前结合土壤耕作施用肥料。其作用是为了创造苦瓜生长发育所要求的良好土壤条件，为整个生育期供应养分奠定基础。基肥的效率高，肥料施得深。对培肥土壤的作用较大，也较持久。

1. 施用方法

（1）撒施　将肥料均匀地铺撒在畦面，结合整地翻入土中，并使肥料与土壤充分混均。撒施的优点是简单易行，肥料与土壤混合均匀，撒布面广，根群扩展时随处都可以吸收到养料。撒施的缺点是肥料施用量大。

（2）沟施　即在栽培畦（垄）下开沟，将肥料均匀撒入沟内，施肥集中，有利于提高肥效。沟施的优点是施下的肥料比较集中，节省肥料，有利于前期的吸收利用；缺点是很难满足苦瓜后期根系不断生长扩展的需要。

（3）穴施　先按株行距开好定植穴，在穴内施入适量的肥料，既节约肥料，又能提高肥效。撒施的优点是肥料集中，肥料利用率高，缺点是比较费工。

2. 适宜作基肥的肥料种类

(1)有机肥

①农家肥料　系指含有大量生物物质、动植物残体、排泄物等物质的肥料。它们对环境和作物不会产生不良影响。农家肥在制备过程中,必须经无害化处理,以杀灭各种寄生虫卵、病原菌和杂草种子,去除有机酸和有害气体,达到卫生标准。主要农家肥料有堆肥、沤肥、厩肥、沼气肥、灰肥、绿肥、作物秸秆和饼肥等。其中堆肥、沤肥、厩肥、沼气肥、绿肥、作物秸秆适于撒施或条施。灰肥和饼肥适宜穴施。

②商品有机肥料　系指由肥料生产厂家按规范的工艺操作生产的商品有机肥。其产品必须是证件(检验登记证、生产许可证、质量标准)齐全,并经有关部门质量鉴定合格。主要包括精制有机肥、微生物肥料、腐殖酸肥料、有机液肥等。可采用撒施、条施或穴施等方法施用。

③其他有机肥　包括采用不含合成添加剂的食品、纺织工业的有机副产品、不含防腐剂的鱼渣、牛羊毛废料、骨粉、氨基酸残渣、家畜加工废料、糖厂废料等有机物料制成的有机肥料。可采用撒施、条施或穴施等方法施用。

有机肥施用充足好处很多。一是培肥地力。可增加土壤有机氮的含量。寿光菜农 10 年来重视有机肥的足量施用,土壤有机质含量从 1%提高到了 1.54%,土壤肥力有很大提高。二是养分全面,可满足苦瓜整个生长过程的需肥要求。三是改善土壤结构。施足有机肥有助于形成土壤团粒结构,土壤通透性良好,缓冲性能好,适应了苦瓜耐肥水的特点,可为苦瓜高产打下基础。

有机肥在使用过程中需注意以下两点:一是有机肥要充分腐熟。使有机肥腐熟的方法很多,常用的如在日光温室休闲期鸡粪等有机肥的腐熟可以结合高温闷棚进行。在气温较低的情况下,可以使用含生物菌的腐熟剂如肥力高等均匀地喷洒有机肥促进其发酵腐熟。二是避免施用含碱有机肥。使用含碱性高的有机肥，易导致苦瓜黄化、卷叶等，而且导致土壤返碱严重。可在有机肥使用前，取少许浸水溶化，然后用 pH 试纸测定溶液的酸碱。若含碱量较高，可将有机肥提前施入温室内，大水漫灌进行水洗，也可用硫酸中和。

(3)化学肥料

①氮肥　常用的氮肥有硫酸铵、碳酸氢铵和尿素。可采用撒施、条施或穴施等方法。硝态氮化肥施入土壤不易被土壤吸附，易在灌溉中淋失，故不宜大量作基肥。

②磷肥　生产上多用水溶性磷肥，主要有过磷酸钙、重过磷酸钙、磷酸铵。最好用它与一定比例的有机肥混合后条施或穴施。

③钾肥　常用硫酸钾和草木灰。最好与一定比例的有机肥混合后条施或穴施。

微量元素肥料：种类很多，常用的有硼肥、钼肥、锌肥、锰肥、铁肥和铜肥。最好与一定比例的有机肥混合后条施或穴施。

④专用复混肥料　目前普遍使用的专用肥多为复混肥，一次施肥就可同时满足苦瓜对氮、磷、钾甚至中量、微量元素的需要。可采用撒施、条施或穴施等方法。

(3)生物肥料　包括根瘤菌肥、固氮菌肥、解磷菌类肥、解钾菌类肥、芽孢杆菌类肥或几种菌类的复合肥等。增施生物肥料，可促进蔬菜吸收利用土壤中的营养元素，减少化肥的使用量，同时可活化土壤中的氮、磷、钾及镁、铁、硅等元素，对蔬菜高产优质，减轻土壤障碍因子有独特作用。生物肥是一种活性菌，必须埋施于土壤之中，不得撒施在土壤表面，一般施深 7～10 厘米。由于生物菌不对作物产生烧苗、烧种现象，所以应使生物肥和植物根系有最大限度地接触，才能有效地供给植物充分营养。因此，生物肥要均匀施入根系范围内。

3. 施用量　基肥施用数量要根据土壤肥力的高低来确定。

当土壤中速效氮、磷、钾和微量元素低于苦瓜生长需肥临界值时，就要首先选择化学肥料补充土壤肥力不足。有机质低于1.2%的土壤，每667平方米必须施用3立方米以上的有机肥料，才能满足作物生长需要。化肥具体施肥量则要根据目标产量、当地施肥水平和土壤肥力情况确定，一般情况下每667平方米施尿素35～60千克，过磷酸钙80～150千克，硫酸钾30～50千克。

生产上如果以商品有机肥代替鸡粪作基肥使用，一般每667平方米施用300～1 000千克，土壤状况较差的可适当增加用量。

3年以上的日光温室可适当增施生物有机肥，一般每667平方米用量在100～300千克，5年以上的老龄日光温室应适当减少化肥用量，增加生物有机肥用量。

微量元素对苦瓜的生长发育起着大量元素(如氮、磷、钾等)无法替代的作用，一旦某种微量元素缺乏，苦瓜就会表现出相应的缺素症状。但许多微量元素从缺乏到过量之间的临界范围很窄，如果微肥施用量过大或不均匀，往往会对苦瓜产生毒害作用以。以下是日光温室苦瓜常用微肥作基肥的安全用量：

铁肥(硫酸亚铁)：每667平方米土壤施用量1～2.75千克，1～2年施1次。

硼肥(硼砂或硼酸)：每667平方米土壤施用量0.75～1.25千克，2～3年施1次。

锰肥(硫酸锰或氯化锰)：每667平方米土壤施用量1～2.25千克，2～3年施1次。

铜肥(硫酸铜)：每667平方米土壤施用量1.5～2.0千克，1～2年施1次。

锌肥(硫酸锌)：每667平方米土壤施用量0.25～2.50千克，1～2年施1次。

钼肥(钼酸铵)：每667平方米土壤施用量30～200克，3～4年施1次。

(二)追　肥

追施是指在苦瓜生长过程中加施肥料的过程。其作用主要是为了供应苦瓜某个时期对养分的大量需要,补充基肥的不足。追肥量一般约占苦瓜作物全生育期总施肥量的 1/3 甚至更多。常用的追肥方法有以下 4 种。

1. 埋　施　埋施就是在苦瓜株间、行间开沟挖坑,将肥料施入,再覆盖土壤的一种追肥方式。

(1)埋施的优缺点　优点是肥料浪费少,最经济;缺点是劳动量大,费工,且操作不太方便。

(2)埋施的肥料种类　硫酸铵、尿素、过磷酸钙、硫酸钾、复合肥以及充分腐熟的有机肥和生物菌肥均可作埋施追肥。

(3)施用方法　埋肥的沟、坑要离苦瓜根、茎基部 10 厘米以上,若离根太近则易损伤根系。冬季施肥量每 667 平方米每次施 10 千克左右,春季每 667 平方米每次施 20 千克左右。埋施后一定要浇水,以降低埋施的肥料浓度。

2. 冲施　就是把固体的速效化肥溶于水中,或把腐熟的鸡粪混入水中并以水带肥的方式施用。通过肥水结合,让可溶性的氮、钾养分渗入土壤中,为作物根系吸收。冲施目前是最常用的一种追肥方式。

(1)冲施的优缺点　冲施的优点:一是施肥均匀,便于苦瓜根系的吸收;二是肥料均匀分布于田间,不发生肥害;三是不开沟不挖穴,不伤根系;四是该施肥法适宜于地膜覆盖栽培形式;五是用法简单,省工省时,劳动量不大。冲施的缺点是浪费的肥料较多,容易渗漏流失,在田间苦瓜根系达不到的深层,也会渗入部分肥料造成浪费,肥料利用率只有 30%～40%,甚至更低。

(2)冲施的肥料种类　从肥料化学性状及内在营养成分上主要划分为 3 种:一种是有机型,如氨基酸型、腐殖酸海洋生物型等;

另一种是无机型，如磷酸二氢钾型、高钙高钾型等；再一种是微生物型，如光合细菌型、酵素菌型等。另外，市场上还有一种将有机、无机、生物等原材料科学地加工、复配在一起而生产的新型冲施肥，属于复合型制剂。

只有水溶性的肥料方可随水施用，氮肥中常用尿素、硫铵和硝铵；钾肥有氯化钾和硫酸钾，也可用硝酸钾。而磷肥种类即使是水溶性的磷一铵和磷二铵，也不宜用于冲施，其原因是磷肥的移动性差，不能随水渗入根层，磷肥的施用只能埋入土中。

(3)冲施的追肥量　每次追肥量可参照苦瓜生长需肥量来确定。施肥时(不计基肥养分的量)，一般每 667 平方米目标采收量为 1 000 千克，施用纯氮(N)7.2 千克，纯磷(P_2O_5)4.67 千克，纯钾(K_2O)6.67 千克，据不同追肥品种进行折算，如折合尿素 15.7 千克，过磷酸钙 33.4 千克，硫酸钾 13.3 千克，扣除基肥养分的供给量时，应根据苦瓜生长期长短和不同采收量，适当扣除基肥供给分量。

(4)注意事项

①有机肥与无机肥相结合　有的农民无论采用冲施还是追施，均以化肥为主。虽然有些冲施肥含有腐殖酸，但无机肥多以硝酸铵、尿素等氮肥为主，短期内苦瓜长势好，但缺乏长期效应。也有些冲施肥以饼肥(麻籽饼、棉饼、豆饼)和磷酸二铵(或硝酸铵)为主，效果欠佳，原因是饼肥发酵需一定的时间。

②大水与小水冲施相结合　有的农民无论苗期、结果期均以大水冲施肥，使得肥水过大，引起苗病、烂根、沤根。无论生物肥、有机肥，还是化肥都要看苗用肥，施用量要合理，并且肥水过后要及时中耕松土。

③生物肥与化肥相结合　生物肥料含有十几种有益菌，具有活化土壤、调节养分的功效，与无机肥(化肥)配合施用，能解除肥害，增加土壤有机质，促进根系发育。土传病害发生严重的日光温

室，应选择使用具有防病功效的芽孢杆菌类生物肥；土壤中氮、磷、钾积累较多的老龄日光温室，应选择使用具有解磷、解钾作用的酵素菌型生物肥。

④选择适宜的肥料品种　冲施肥在使用过程中要根据种植区内的土壤供肥能力、基肥施用量以及所种植的需肥特点，选择适合的冲施肥品种。要详细阅读所选购冲施肥的使用说明书，掌握适合的施肥时期、施用量和施用方法，不可凭以往的施肥经验而自作主张，以免造成不必要的损失。

3. 敞穴施肥　在日光温室苦瓜生产中，施肥量过大是一个比较突出的问题。过量施肥不但增加农民的生产成本，还会造成土壤养分的积累、硝酸盐的淋洗、产品质量的变劣和土壤的盐化等环境问题。造成施肥过量过大的主要原因是日光温室苦瓜追肥采用冲施的方法，肥料均匀地溶解在水内，在灌水量较大的情况下，肥料的浓度较低，供肥强度低，不利于苦瓜根系的吸收。为克服这些弊端，可采用敞穴施肥法。

(1)敞穴施肥的基本方法　在两株苦瓜中间的垄上挖1个敞穴，穴在灌水沟内侧，在沟内侧开豁口，豁口低于沟灌水位但高于沟底，使部分灌水可流入穴内，以溶解和扩散肥料。覆盖地膜后，在穴上方将地膜撕出一个孔，在每次灌水前1～2天，将肥料施入穴内。一次制穴可供整个苦瓜生育期使用(图6-1)。

(2)敞穴施肥的优缺点　优点是敞穴施肥较常规穴施肥减少了每次挖穴、覆土的工序，使集中施肥在日光温室苦瓜覆盖地膜的情况下得以实现；克服了冲施肥供肥强度低，肥料利用率低的缺点；这样在较易农事操作下，实现了集中施肥，提高了供肥强度。缺点是追肥过于集中，一次施用量过多，容易引起烧根；受穴大小的限制，不能追施腐熟鸡粪等有机肥。

(3)肥料种类　除鸡粪、厩肥以外的各种肥料均适宜敞穴施肥。

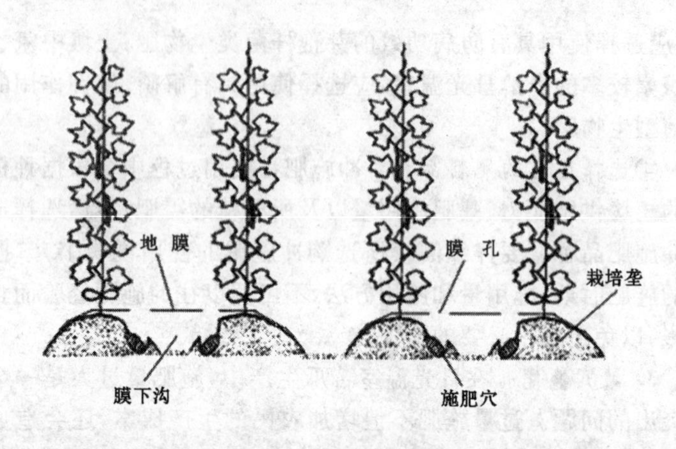

图 6-1 苦瓜敞穴施肥

(4)敞穴施肥的操作方法　翻耕、起垄、移栽苦瓜等农事操作按照常规。在苦瓜缓苗后，覆盖地膜前，在两株苦瓜之间的垄上挖一个敞穴，敞穴靠近灌水沟内侧，且向灌水沟侧敞开，敞穴的穴底高出灌水沟的沟底约 5 厘米。地面覆盖地膜后，在敞穴上方将地膜撕开一个孔洞，孔洞大小以方便向穴内施肥为度。在浇水前1～2 天施入化肥，化肥用普通的复合肥，以含硝态氮和硫的复合肥为好。冬季施肥量每 667 平方米每次施 12.5 千克左右，春季每 667 平方米每次施 30 千克左右。浇水次数和浇水量根据菜农的习惯确定。

4. 滴灌施肥　是将施肥与滴灌结合起来的一种新的施肥方法。滴灌是滴水灌溉的简称，它利用一整套系统设备，将灌溉水加低压(或利用地形落差自压)、过滤，通过管道输送到滴头，使灌溉水呈水滴状均匀而缓慢地滴入到作物根区附近的土壤表面或土壤内，适时、适量地向作物根区供应水分，以经常保持适宜于作物生长的最优水分状态，而作物株、行间根区以外的土壤仍然保持较干燥的状态。滴灌可将可溶性肥料随水施到作物根区。凡采用滴灌设施浇水的苦瓜日光温室均采用这一方式追肥。

(1)滴灌施肥优缺点 其优点:一是适时适量地直接把肥料施于根系集中层,应少施勤施,使施肥达到定时、定位,便于作物吸收,减少损失,充分发挥肥效。二是以少量多次的方式向作物提供养分,可满足作物整个生长期对养分的需求。三是可根据作物生长期营养特性的变化,对供给的养分进行调控。四是由于地膜覆盖,肥料几乎不挥发、无损失,肥料虽集中,但浓度小,因而既安全,又省工省力,效果很好。滴灌施肥的肥料利用率达80%以上。其缺点:选用肥料必须水溶性好。

(2)滴灌施肥对肥料的要求 ①为防止滴头堵塞,要选用溶解性好的肥料,如尿素、磷酸二氢钾等。施用复合肥时,尽量选择完全速溶性的专用肥料。确需施用不能完全溶解的肥料时,必须先将肥料在盆或桶等容器内溶解,待其沉淀后,将上部溶液倒入施肥罐进入滴灌系统,剩余残渣施入土中。②一般将有机肥和磷肥作基肥使用。因为有的磷肥如过磷酸钙只是部分溶解,残渣易堵塞喷头。③要选择对灌溉系统腐蚀性小的肥料。如硫酸铵、硝酸铵对镀锌铁的腐蚀严重,而对不锈钢基本无腐蚀;磷酸对不锈钢有轻度的腐蚀;尿素对铝板、不锈钢和铜无腐蚀,对镀锌铁有轻度的腐蚀。④作追肥用的肥料品种必须是可溶性肥料,要求纯度较高,杂质较少,溶于水后不会产生沉淀,否则不宜作追肥。一般氮肥和钾肥选用符合国家标准或行业标准的尿素、碳酸氢铵、硫酸钾和氯化钾等。补充磷素一般采用磷酸二氢钾等可溶性肥料作追肥。追补微量元素肥料,一般不与磷素追肥同时使用,以免形成不溶性磷酸盐沉淀,堵塞滴头或喷头。

(3)膜下滴灌施肥技术的操作方法

①肥料品种的选择 利用滴灌施肥,也要按照作物对养分的需求选择合适的肥料种类。苦瓜在生长中后期既要使植株具有一定的营养生长势,又要确保瓜果具有较好的品质,一般选用尿素、磷酸二氢钾等提供大量元素,选择水溶性多效硅肥、硼砂、硫酸锰、

硫酸锌等提供中、微量元素。其中，微量元素也可直接用营养型叶面肥，如肥力宝等。具体选用什么肥料要根据基肥和植株长势确定。

②配制肥料溶液　肥料溶液可根据施肥方法配制成高浓度和低浓度两种溶液。高浓度溶液就是将尿素、磷酸二氢钾等配制成5%～10%的水溶液，将中、微量元素配制成1%～2%的水溶液；低浓度溶液就是将尿素、磷酸二氢钾等配制成0.5%～1%的水溶液，将中、微量元素配制成0.1%～0.2%的水溶液直接施用。

③肥料用量及混用　每次每667平方米尿素施用量为3～4千克，每次每667平方米磷酸二氢钾用量为1～2千克，这两种肥料也可混合施用。中、微量元素一般每一种肥料在一季作物中不能超过1千克，每年都施用的田块不超过0.5千克。

④施肥方法　当用高浓度溶液进行施肥时可与灌水同时进行，即打开施肥器吸管开关，使肥液随水流进入软管，肥液的流量用开关控制；用低浓度溶液直接施肥时，将灌水阀门关闭，打开施肥器吸管的开关，把过滤器固定在肥液容器底部，接通肥液即可施肥。

⑤注意事项　配制的肥液不应含有固体沉淀物，防止滴孔堵塞。高浓度肥液流量要控制好，不宜太大，防止浓度过高伤害作物根系。施肥结束后要关闭吸管上的开关，打开阀门继续灌水数分钟，以便将管内残余肥料冲净。

（三）叶面喷肥

叶面喷肥就是将配制好的肥料溶液直接喷洒在苦瓜茎叶上的一种施肥方法。

1. 苦瓜采用叶面追肥的好处　叶面追肥作为苦瓜施肥的一种常用方法，具有如下4个优点：①叶面追肥可使苦瓜通过叶部直接得到有效养分，而采用根部追肥时，某些养分常因易被土壤固定而降低植株对它们的利用率。②叶部养分吸收转化的速度比根部快。以尿素为例,根部追施 4～5 天才能见效,叶面喷施当天即可见效。③叶面追肥可以促进根部对养分的吸收,提高根部施肥的效果。④叶面喷施某些营养元素后,能调节酶的活性,促进叶绿素的形成,使光合作用增强,有利于改善苦瓜品质,提高产量。总之,叶面追肥是一种成本低、见效快、方法简便、易于推广的施肥方法。但苦瓜主要靠根部吸收矿质营养,叶面追肥只能作为一种辅助手段,生产上仍应以根部施肥为主。采用叶面追肥时,必须在施足基肥并及时追肥的基础上进行,只有这样才能取得理想的效果。

2. 适合作叶面追肥的肥料种类　适合作叶面追施的肥料通常称为叶肥、叶面肥或叶面营养液。根据其作用和功能等,可把叶面肥分为以下四大类。

第一类:营养型叶面肥。此类叶面肥中氮、磷、钾及微量元素等养分含量较高,主要功能是为作物提供各种营养元素,改善作物的营养状况,尤其是适宜于作物生长后期各种营养的补充。

第二类:调节型叶面肥。此类叶面肥中含有调节植物生长的物质,如生长素、激素类等成分,其主要功能是调控作物的生长发育等。适于植物生长前期、中期使用。

第三类:生物型叶面肥。此类肥料中含微生物体及代谢物,如氨基酸、核苷酸和核酸类物质。其主要功能是刺激作物生长,促进作物代谢,减轻和防止病虫害的发生等。

第四类:复合型叶面肥。此类叶面肥种类繁多,复合混合形式多样。其功能有多种,一种叶面肥既可提供营养,又可刺激生长、调控发育。

3. 根据苦瓜的需肥特点合理选用叶面肥　苦瓜叶面追肥以氮、磷、钾混合液或多元复合肥为主,如 0.2%～0.3%磷酸二氢钾溶液、0.5%尿素+2%过磷酸钙+0.3%硫酸钾溶液、0.05%稀土微肥溶液等,一般在生长期喷洒 2～3 次;喷施宝、叶面宝、光合微肥等在苦瓜上应用,也有良好的作用。此外,苦瓜结瓜期喷洒1%葡萄糖或蔗糖溶液,可显著增加苦瓜的含糖量;喷洒以0.2%尿素+0.2%磷酸二氢钾+1%蔗糖组成的“糖氮液”,不仅能增加产量,而且能增强植株的抗病能力,减轻霜霉病等病害的发生。

4. 苦瓜叶面追肥应注意的问题

(1)喷洒浓度要合适　叶面追肥一定要控制好喷洒浓度,如浓度过高很容易发生肥害,造成不必要的损失。特别是微量元素肥料,苦瓜从缺乏到过量之间的临界范围很窄,更要严格控制;浓度过低则收不到应有的效果。

(2)喷洒时间要适宜　影响叶面追肥效果的主要因素之一是肥液在叶面上的湿润时间,湿润时间越长,叶面吸收的养分越多,效果也就越好。因此,叶面追肥一定要根据天气状况,选择适宜的喷洒时间,日光温室栽培一般在晴天上午10时前喷洒为最好。

(3)肥料混用要得当　叶面追肥时,将2种或2种以上的叶面肥合理混用,其增产效果会更加显著,并能节省喷洒时间和用工。但肥料混合后必须无不良反应或不降低肥效,否则达不到混用的目的。另外,肥料混合时还要注意溶液的浓度和酸碱度,一般情况下溶液的pH值为6～7时有利于叶部吸收。

(4)喷洒质量要保证　叶面追肥要求雾滴细小,喷洒均匀,尤其要注意喷洒生长旺盛的上部叶片和叶片的背面。因为新叶比老叶、叶片背面比正面吸收养分的速度快,吸收能力强。

(5)叶面施肥的间隔时间要适宜　适宜的间隔时间为5～7天。其中无机化肥喷肥间隔时间一般不少于7天,有机肥的间隔时间一般为5天左右。

此外,苦瓜生长发育所需的基本营养元素主要来自于基肥和其他方式追施的肥料,根外追肥只能作为一种辅助措施。

5. 叶面肥使用不当后的处理　发生伤叶时,要用清水冲洗叶面,冲洗掉多余肥料,并增加叶片的含水量,以缓解叶片受害程度。

土壤含水量不足时要浇水，以增加植株体内的含水量，降低茎叶中的肥液浓度。

二、日光温室苦瓜二氧化碳施肥技术

(一)施用二氧化碳对苦瓜的影响

绿色植物在进行光合作用时，都要吸收二氧化碳放出氧气。二氧化碳是植物光合作用的重要原料之一。在一定范围内，植物的光合产物随二氧化碳浓度的增加而提高，二氧化碳气肥在保护地蔬菜生产中的作用尤其明显，可以大大提高光合作用效率，使之产生更多的碳水化合物。在保护地苦瓜栽培中，二氧化碳亏缺是限制苦瓜高产高效的重要因素之一。

大气中二氧化碳的含量一般为 300 毫升/米^3，这个浓度虽然能使苦瓜正常生长，但不是进行光合作用的最佳浓度。苦瓜在保护地栽培时，密度大且以密闭管理为主，通风量小，尽管温室内苦瓜呼吸、有机肥发酵、土壤微生物活动等均能放出一部分二氧化碳，但只要苦瓜进行短时间的光合作用后，温室内的二氧化碳含量就会急剧下降。根据用红外线气体分析仪测试得知，4 月份保护地内二氧化碳浓度最高值是在早晨拉帘前，达 1 380 毫升/米^3，等到日出拉开草苫后，随着光照强度的增加和温度的升高，光合速率加快，温室内二氧化碳的浓度迅速下降，至 11 时，温室内二氧化碳的浓度降至 135 毫升/米^3。由此可见温室内二氧化碳亏缺的程度。温室内二氧化碳浓度低于自然大气水平的持续时间一般是上午 9 时到下午 5 时，从下午 5 时以后随着光照强度的减弱和停止通风，温室内二氧化碳浓度才逐渐回升到大气水平以上。当温室内温度达到 30℃开始通风后，温室内的二氧化碳得到外界的补充，但远低于大气水平而不能满足苦瓜正常生长发育的需要。大量测量结果表明，每日有效光合作用时，保护地内二氧化碳一直表现为亏缺状态，因而严重地影响了苦瓜光合作用的正常进行，制约了苦瓜产量的提高。

试验证明，合理施用二氧化碳气肥可提高苦瓜光合速率，植株体内糖分积累增加，从而在一定程度上提高了苦瓜的抗病能力；增施二氧化碳还能使叶和果实的光泽变好，使外观品质有所提高，同时大幅度提高维生素 C 的含量，改善营养品质，可使苦瓜增产 10%～25%，效益相当可观。

(二)日光温室内施用二氧化碳的时间

日光温室苦瓜生长发育前期，植株较小，吸收二氧化碳数量相对较少，加之土壤中有机肥施用量大，分解和产生二氧化碳较多，一般可以不施二氧化碳。若过早施二氧化碳，会导致茎叶生长过快，而影响开花坐果，不利于丰产。进入坐果期后，应加大二氧化碳施用量。开花结果期正值营养需求量最大的时期，也是二氧化碳施用的关键期。此期即使外界温度已较高，加大了通风量，每天也要进行短时间的二氧化碳施肥。一般每天有 2 小时左右的高浓度二氧化碳时间，就能明显地促进苦瓜生长。结果后期，植株的生长量减少，应停止施用二氧化碳，以降低生产费用。一天内，二氧化碳的具体施用时间应根据日光温室内二氧化碳的浓度变化以及植株的光合作用特点进行安排。一般晴天日出半小时后，日光温室内的二氧化碳浓度下降就较明显，浓度低于光合作用的适宜范围，所以晴天揭帘后开始施用二氧化碳；多云或轻度阴天，可把施二氧化碳肥时间适当推迟半个小时。

(三)二氧化碳气体施肥方法

二氧化碳气肥使用方法比较简便，目前常用的方法主要有液态二氧化碳释放法、硫酸与碳酸氢铵反应法、碳酸氢铵加热分解法、燃烧气肥棒二氧化碳释放法、固体二氧化碳气肥直接施用法和微生物法等6种。

1. 液态二氧化碳释放法　钢瓶二氧化碳气的供应可根据流量表和保护地体积准确控制用量。但由于钢瓶中二氧化碳温度很低(可达－78℃)，在向保护地中输入前必须使其升温，否则会造成温室内温度下降，不利甚至危害苦瓜的生长。故在使用时需通过加热器将气体加热到相对比较恒定的温度再输出。输出时选用直径1厘米粗的塑料管，通入保护地中，因为二氧化碳的比重大于空气，所以必须把塑料管架离地面，最好架在温室内较高位置。每隔2米左右，在塑料管上扎一个小孔，把塑料管接到钢瓶出口，出口压力保持在1～1.2千克/厘米^2，每天根据情况放气8～10分钟即可。

此法虽比较容易实现自动控制，但在气温高的季节还是不利于实施。

2. 硫酸与碳酸氢铵反应法　用二氧化碳发生器进行反应，选用的原料是碳酸氢铵和硫酸，塑料管架设方法同上。其原理是碳酸氢铵和硫酸反应放出二氧化碳，供给苦瓜进行光合作用，生成的副产品硫酸铵可用作追肥用。其反应分子式如下：

$$2NH_4HCO_3 + H_2SO_4 = (NH_4)_2SO_4 + 2CO_2\uparrow + 2H_2O$$

3. 碳酸氢铵加热分解法　用专用容器装入碳酸氢铵，加热使其分解出二氧化碳、氨气和水。其反应分子式如下：

$$NH_4HCO_3 \rightarrow CO_2\uparrow + 2H_2O + NH_3\uparrow$$

分解出的气体通过一个容器过滤，把氨气溶解到水中，只放出二氧化碳，然后通过架设的塑料管释放到保护地中供苦瓜进行光合作用。

4. 燃烧气肥棒二氧化碳释放法　直接燃烧成品的气肥棒，即可产生二氧化碳供苦瓜吸收利用。该方法简便易行，安全、成本低、效果好、易推广。

5. 固体二氧化碳气肥直接施用法 通常将固体二氧化碳气肥按每平方米挖2个穴,每穴施入二氧化碳气肥10克,并与土壤混合均匀,保持土层疏松。施用时勿使气肥靠近苦瓜的根部,施用后不要用大水漫灌,以免影响二氧化碳气体的释放。

6. 微生物法 增施有机肥,在微生物的作用下缓慢释放二氧化碳作为补充。秸秆生物反应堆技术就是微生物法的一种应用形式。

(四)二氧化碳施肥应注意的问题

一是施用二氧化碳气肥时,温室内温度须在15℃以上,且要在拉帘后1小时开始施用,通风前1小时结束。

二是施用适期一般在苦瓜坐住瓜后,二氧化碳相当亏缺时;并且要在晴天上午光照充足时施用,浓度可掌握在1 500～2 200毫升/米^3。少云天气可少施或不施,阴雨雪天气不能施用。

三是用硫酸碳铵反应法时,在使用反应所产生的副产品——硫酸铵前,应先用pH试纸测酸碱度。若pH值小于6,则须再加入足量的碳酸氢铵中和多余的硫酸,使其完全反应后,方可对水作追肥用。在整个反应过程中做好气体输出的水过滤工序,减少与避免有害气体的释放。

采用硫酸碳铵反应法的各项操作要小心,以防止硫酸溅出或溢出,而且在稀释浓硫酸时,一定要把浓硫酸倒入水中,千万不能把水倒入浓硫酸中,因为水的比重比浓硫酸的比重小,把水倒入浓硫酸中时,水容易溅出伤人。碳铵易挥发,不能将大袋碳铵放入温室内,防止苦瓜遭受氨气的毒害,应分装后带入温室内使用。

四是苦瓜施用二氧化碳气肥后,光合作用增强,要相应改善水肥供应并加强各项管理措施,以便达到高产稳产的目的。

三、日光温室苦瓜浇水技术

(一)浇水原则

1. 看墒情浇水　要根据当时的墒情决定是否浇水。浇水的依据是:土壤用手握能成团,落地能散开应浇水,落地不散可暂时不浇水,不能根据天数决定是否浇水。同时,浇水时不能过量,因为水的比热大,冬季浇水过量容易导致地温下降,还能使得土壤透气性差,造成苦瓜沤根、生长缓慢、产量低等现象的发生。需要浇水时,只需在小垄沟内浇小水,而且浇水后要提高棚室内的温度,避免地温下降造成根系受伤。

2. 看苗浇水　就是利用苦瓜外部形态表现,来判断土壤含水分多少看该不该浇水。在不同的水分条件下,植株长势表现不同。水分充足时,生长点嫩绿;缺水时,则生长点叶片小,叶色浓绿,颜色深于下部叶片,而且易出现尖嘴瓜。瓜秧一旦发生上述现象,就应尽快浇水。看苗掌握水分情况进行适时浇水。

3. 按照生育阶段浇水　苦瓜按不同生育期浇水是一般的规律。日光温室苦瓜在普浇底水的基础上,每株浇 1.5～2 升的定植水,定植后 5～7 天浇透缓苗水。坐瓜前一般不浇水,待第一个瓜全部坐住并开始膨大时再浇水。始瓜期植株矮小,叶面蒸腾量小,瓜数也少,通风量也小,一般 5～7 天浇一次水,浇水必须膜下轻浇;盛瓜期随着植株蒸腾量增大,结果数量增多,通风量增大,一般 3～4 天浇一次水,并增大浇水量;末瓜期植株趋于衰老,应酌情减少浇水次数和浇水量。采瓜期浇水应选在采瓜前浇水,这样使水多供果少供秧,既有利于增重和提高苦瓜的鲜嫩程度,又可避免空秧浇水导致的疯长。

4. 根据气候特点浇水　冬季浇水一般要选择晴天进行,浇后最好能有几个连续晴天。一天之中，冬天或早春浇水应放在上午，这样不仅水温、地温差距较小，地温容易恢复，而且还有充分的时间排湿，一般不宜在下午、傍晚特别是在阴雪天浇水，否则易造成温室内湿度过大，引起病害大发生；中午也不宜浇水，以免高温浇水影响根系生态功能。夏秋季节应选在早晚浇水，这时天气炎热，日光温室可昼夜通风，以便于降温。

5. 使用先进技术浇水 就日光温室苦瓜而言，高温高湿或低温高湿，都是造成病害发生和蔓延的一个重要原因，使用传统粗放的大水漫灌方式，既容易降温又增大湿度。如果改用膜下滴灌，即用地膜覆盖，膜下铺设滴灌(或滴灌带)，不仅地膜覆盖可以提高地温，改善近地面处光照，而且还可减少土壤水分蒸发，降低空气湿度，避免病害大发生。同时要注意浇水的水量，冬季定植时宜浇15℃左右的温水。平时水温则要求尽量与当地地温接近，一般最好使用井水灌溉。切忌使用河水或水塘中的冰冷水。要注意浇水量，特别是冬天里温室苦瓜严重缺水时，切不可浇水量过大，否则土壤易缺氧而引起根系窒息烂根，地上部叶片发黄甚至死亡。

如果水温过低，必须想办法获取温水。获取温水的方法有以下 3 个：①利用深层地下水。深层地下水的温度较地面水的温度高，适合冬季日光温室内浇水，可用水泵提取深层地下水进行浇灌。②在日光温室内预热水。在日光温室内建一贮水池，上用透光性能好的塑料薄膜覆盖，利用日光温室内的光照以及日光温室内多余的热量提高水温，待池水温度升高后再浇。③太阳能预热水。在日光温室顶部安装 1～3 个太阳能热水器，将加热后温度适宜的水贮存于日光温室内的水池内，从池内取水浇灌。

(二)主要浇水方式

1. 明水沟灌 沟灌是我国地面灌溉中普遍应用于中耕作物的一种较好的灌水方法。实施沟灌技术，首先要在作物行间开挖灌水沟,灌溉水从输水沟或毛渠进入灌水沟后,在流动的过程中,主要借助土壤毛细管作用从沟底和沟壁向周围渗透而湿润土壤。同时,在沟底也有重力作用浸润土壤。但在日光温室中采用沟灌,如一次灌水量过大,地表长时间保持湿润,不但棚温、地温降低太快,回升较慢,且蒸发量加大,水蒸气不易散发,致使温室内湿度较大,易导致苦瓜病虫害发生。因此,日光温室苦瓜不宜采用明水沟灌。但日光温室苦瓜在夏秋高温季节不覆盖地膜的条件下,有时可以采用沟灌法浇明水。

2. 膜下沟暗灌　膜下沟暗灌,就是日光温室内所种苦瓜一律采取起垄栽培,定植后接着用地膜将两垄覆盖,使两垄间构成一空间,灌水时控制在膜下进行,这一技术称为日光温室膜下暗灌技术。膜下暗灌时,一要注意浇水量适中;二要使小垄沟均匀受水,南北两头见水;三要及时封闭进水口,尽量避免水蒸气逸出(图6-2)。

膜下沟暗灌的优点:省水,易于管理。膜下暗灌技术比传统的畦灌节水50%～60%左右,比明水沟灌可节水40%左右;不增加日光温室内空气湿度,可减少苦瓜发病的机会。空气湿度小还可减少温室内起雾的机会,从而不影响光照,可迅速提高棚温。还可减少土壤水分汽化损失,从而减少浇水次数。

采用膜下沟暗灌技术,要求膜下的灌水沟水平,防止灌溉不均匀。

3. 膜下滴灌　是覆膜种植与滴灌相结合的一种灌水技术,也是地膜栽培抗旱技术的延伸与深化。它根据苦瓜生长发育的需要,将水通过滴灌系统一滴一滴地向有限的土壤空间供给,仅在苦瓜根系范围内进行局部灌溉,也可同时根据需要将化肥和农药等随水滴入苦瓜根系。膜下滴灌作为一种新型的节水灌溉技术,与地表灌溉、喷灌等技术相比,具有无可比拟的优点,是目前最为节水、节能的灌水方式。

(1)膜下滴灌的供水　日光温室滴水灌溉用水多数为井水,但

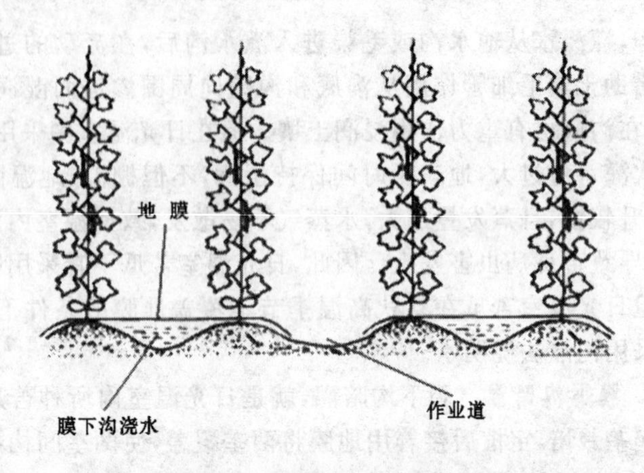

图 6-2 苦瓜膜下沟浇暗水

用提取井水的泵直接向温室内滴灌供水，存在着同时供水而又多品种蔬菜不同时用水的矛盾。因此，日光温室滴灌的供水一般应选择以下 4 种形式。

①地下贮水池加微型水泵供水　在日光温室附近建 5～7 立方米的地埋式贮水池，用机井集中向池中供水，滴灌时每座温室装微型水泵加压，并在滴灌首部装过滤器等。就整体计算，地埋式贮水池投资较大，但就每座日光温室来说易建易管。

②地上贮水池重力供水　贮水池底部离地面 0.5 米以上，不需用水泵即可进行滴灌，并且能提高池内水温。贮水池与地面之间的压力差，即池内水自身的重力，通过滴灌管直接供水。在滴灌首部安装化肥罐和过滤器等。如果在温室内建一个蓄水池，不仅占用温室空间，而且投资大，操作又非常麻烦。

③高塔集中供水　对于面积适中、温室集中、水源单一的地块，可选择用水塔作为供水的加压和调蓄设施，温室内不再另设加压设备。还须在水泵与水塔的输水管道上装过滤器等。建设水塔一次性投资较大，但运行费用低，还可起到一定的调蓄水量的作用。

④压力罐供水　对于日光温室多而又集中的片区，可采用压力罐集中加压。压力罐安装在水泵和滴灌之间，可在无人控制下保证管网连续工作，温室内不再另设加压设备。在水源处设置由旋流水沙分离器和筛网过滤器组成的过滤设施。压力罐供水的优点是一次性投资小、管理方便，其缺点是增加了灌溉运行的费用。

（2）膜下滴灌的应用

①滴灌毛管的选用　温室苦瓜吊蔓密植栽培，根系发育范围小，对水分和养分的供应十分敏感，要求滴头布置密度大，毛管用量多，因而毛管选用价格较低的滴灌带，可有效地降低滴灌造价，且运行可靠，安装使用方便。

②膜下滴灌的布置　在滴灌进棚前，应顺棚跨起垄，垄宽40厘米，高10～15厘米，做成中间低的双高垄，滴灌带放在双高垄的中间低凹处，垄上覆盖地膜。双高垄的中心距一般为1米，因而滴灌毛管的布置间距为1米。每根滴灌毛管的长度一般与棚宽（或棚长）相等，对需水量大的苦瓜有时也可布置两道。支管布置一般顺棚的后墙长度与棚长相等。在支管的首部安装施肥装置和二级网式过滤器等。

③滴灌苦瓜的效益　日光温室膜下滴灌一般比大水漫灌节水70%左右，并能大幅度降低温室内湿度，减少病虫害，提高苦瓜的品质。实行滴灌比大水漫灌棚温高，苦瓜可提前上市半个月。日光温室膜下滴灌苦瓜可增产10%～25%，投资回收期一般为4～6个月。

（3）膜下滴灌的管理

①规范操作　要想达到苦瓜滴灌的最佳效果，其设计、安装、管理必须规范，不能随意拆掉过滤设施和在任意位置自行打孔。

②注意过滤　日光温室膜下滴灌苦瓜，要经常清洗过滤器内的网，发现滤网破损要更换，滴灌管网发现泥沙应及时打开堵头冲洗。

③适量灌水　每次滴灌时间的长短要根据缺水程度和苦瓜品种决定，一般控制在1～4个小时。

(三)温室冬季苦瓜如何科学浇水

1. 小水勤浇　每次浇水量要小，通过增加浇水次数来满足苦瓜正常的需水要求。小水勤浇的主要目的，一是保持温室较高的低温，二是保持苦瓜的正常生长需水。

2. 浇暗水　要坚持做到膜下暗灌，有条件的可实行膜下滴灌。这样可以有效地阻止地面水分蒸发，降低温室内的空气相对湿度，防止病害发生。

3. 浇水时间　最好选在晴天的上午进行，此时水温与地温比较接近，浇水后根系受刺激小、易适应，同时地温恢复快，可有足够的时间排除温室内湿气。午后浇水，会使地温骤变而影响根系的生理机能。下午、傍晚或是雨雪天均不宜浇水。

4. 升温排湿　在浇水的当天，为尽快恢复地温要封闭温室，提高室内温度，以气温促进地温。待地温上升后，及时通风排湿，使室内的空气温度降到适宜的范围内，以利于植株的健壮生长。

5. 提倡隔行浇水　即第一天浇2,4,6行……第二天浇1,3,5行……这样做不致使温室内地温一次性降低过大而影响生长。

(四)温室冬季苦瓜浇水后应注意的问题

冬季日光温室苦瓜浇水后，往往造成日光温室内地温低、湿度大，致使苦瓜生长不良，病害多发。因此，冬季日光温室苦瓜浇水后，应加强管理，创造一个苦瓜生长适宜的环境，以保证苦瓜正常生长。主要应注意做到以下几点。

1. 注意提温　冬季日光温室苦瓜浇水后，应关闭通风口，提高温室气温，使温度比平时提高2℃～3℃，以升高气温促地温回升，促进苦瓜正常生长。

2. 注意排湿　日光温室苦瓜浇水后，应做好温室内排湿工作。其中提温就是一项有效的降低温室内空气湿度的好办法。浇水后应关闭日光温室通风口，在日光温室提温的过程中，温室内的空气相对湿度也会相应地降低。待温室气温升高后，再逐渐打开通风口，进一步通风排湿。

3. 防止棚膜结露　苦瓜浇水后，温室内湿气较大，棚膜很容易结露，影响日光温室的透光率。可向棚膜上喷撒消雾剂或喷洒豆面水，消雾效果较好。

4. 用药要注意选用烟雾剂或粉尘剂　日光温室苦瓜浇水后温室内湿度本来就很大，此时若再喷施药液，会增加温室内的湿度。因此，苦瓜浇水后1～2天内，应尽量避免用药，必须用药时最好选用粉尘剂或烟雾剂。

5. 随浇水冲施肥时要注意防止气害　菜农在追肥时往往配合浇水，追施的肥料中有很多含氮量过高的肥料。这些肥料在冲施后会发生氨气，在冬季日光温室密闭的情况下，极易熏坏苦瓜。因此，在冲肥后日光温室一定要注意适当通风，把有害气体排出温室外。另外，在选择冲施肥时一定要选择含氮量较低的肥料，严寒季节可停用这类肥料，以避免气害的发生。

（五）苦瓜浇水应协调好七个关系

1. 浇水与需水　苦瓜浇水要按需要进行，不能按多少天浇一次水来安排。主要是看土壤水分状况确定是否浇水。干旱时不浇水苦瓜枝叶萎蔫，干叶边，甚至枯干，果实会因干旱浇水不及时而表皮无光或发生畸形瓜。再进行浇水除非是有的苦瓜特殊的生理需要，否则极易引起沤根、烂根，使苦瓜根系受害，也会严重影响生长发育。

2. 浇水与地温　浇水能明显影响地温，尤其是越冬的温室苦瓜浇一次水会使地温明显降低，当冬季室外温度很低时，井水、河塘水温度多在2℃～8℃，水的热容量大，升高温度需吸收大量的热。所以浇一次冷水后地温会迅速下降，短时间内难以恢复。而温室苦瓜的地温平时要比气温的下限高3℃～8℃，所以在浇一次水后，地温多由20℃以上降至10℃以下，很容易突破苦瓜所要求的地温最低值即下限，会对苦瓜生长结果造成很大伤害，尤其对根的伤害，受害严重的难以恢复。这就要求冬天浇水要选在晴天进行，要预先在头一天及浇水的当天把棚温提高2℃左右。浇水后的第一天即可把棚温提高3℃，依靠较高的棚温提高地温，使地温下降幅度变小，并能尽快恢复。

冬季苦瓜的浇水量也应适当减少，避免温度低时浇水量太大，难以在浇水后做到尽快把地温升上来。因在温度升高时水需热量最大，如浇水量大地温在浇水后恢复缓慢，会引发苦瓜的生理活动受到不利影响，严重阻碍苦瓜的生长发育。所以，冬季浇水时减少浇水量很重要，同时要利用地膜覆盖减少浇水次数。

3. 浇水与透气 苦瓜浇水后，水分占领了土壤中的空隙，使其中的空气被排出，而苦瓜的根系是需要呼吸空气的，空气供应不足会使根系窒息，轻则根系受伤，生长慢、发育不良；重则根系褐变，毛细根死亡，甚至腐烂引发病害，发生死棵。尤其在一些土质较黏重的菜地中，原本黏土地紧实通气性较差，浇水后其透气性会进一步恶化，这便是冬季温室黏土地一浇水就黄叶的原因。这种土地原本不易缺铁产生嫩叶变黄，是浇水使土壤中空气被排出，根系吸收困难受到严重伤害，对铁的吸收能力下降，因而表现出阶段性缺铁，导致嫩叶变黄。如果根系受害严重，则大叶片也会变黄，其原因是生长素供应不足，致使叶绿素分解。如果大叶嫩叶都变黄，则说明根系受伤害时间较长，而且达到了较严重的程度。要解决这个问题，首要的是改良土壤，须年年大量施用作物秸秆肥及禽畜粪肥，每年每667平方米应施用5 000千克以上，增加土壤有机质使其由黏重变疏松，产生团粒结构，从而改善土壤空气通透状况。其次是浇水量要小，隔一行浇一行，浇水后适当升高棚温，并划锄地面改善土壤的透气性。

4. 浇水与追肥　随着浇水进行肥料冲施的追肥方式，较适合温室苦瓜的特点。但目前不少地方的菜农冲施肥普遍存在三个问题：一是冲肥量偏多。有些菜农错误地认为冲肥量越大产量越高，所以每 667 平方米用量一次超过 50～100 千克肥的大有人在。过量的冲肥会引发肥害，也会使土壤盐渍化，使土壤透气性不良、土壤溶液浓度高，引发诸多苦瓜生理问题。二是冲肥不注意与基肥相配合。有些地方甚至肥料施用以冲施化肥为主，违反了以有机肥为主化肥为辅的蔬菜施肥原则。三是冲肥要注意肥料的品种选择和品种搭配。如一般磷肥应随基肥深施，不宜只随水冲施；苦瓜进入结果期后，应注意氮、钾肥的配合冲施，钾肥与氮肥的比例应控制在 3∶2 左右。

5. 浇水与施药　施农药防治地下病虫害，通常采用穴施或灌根等方式，一般不采用随水冲药的方式，因为以水冲药用药量太大。浇一次水每 667 平方米用水量约为 20～30 立方米，农药按 500～1 000 倍计算，需一次用药 10～20 千克。而用灌根、穴施等方法施药，每 667 平方米需药量几百克即可。冲施农药的方式，药少了浓度太低不管用，药量大开支也大，而且污染重。地下施药防病虫时，不可在灌根方式穴施后即浇水，这种浇水方式会稀释农药降低防效。

6. 浇水与防病　苦瓜多喜潮湿，浇水会增加温室中的土壤和空气湿度，对霜霉病、炭疽病、蔓枯病等病害，要做到尽量不同时浇水，须把浇水适当推迟，注意采用膜下浇水的办法，以避免温室中因浇水增大湿度给防治带来困难。一旦病害有发展蔓延的趋势时，喷药防治一是要安排在浇水之前，避免先浇水再喷药。在浇水的过程中，病原菌会随着水扩散和传播，所以一旦发现根部病害，在拔除病株施药防治的同时，注意勿使浇水流经病穴，可用土填堵防止流水传播。

7. 浇水与调节 苦瓜过于旺长会使生殖生长开花坐果发生困难,常引发落花落果或花少果少产量低的问题。旺长还会使抗性下降,病害多发。要防止苦瓜旺长,必须控制浇水。尤其在开花期为确保坐果良好,应避免花期浇水。这就要求事先要做好安排,务必使花期土壤不过于干旱。控制苦瓜旺长就间接地提高了坐果率。虽然现在应用植物生长调节剂蘸花,已较好地解决了苦瓜坐果率低的问题,但控制浇水应当作为提高蘸花效果的保证。

充足的水分是弱苗返旺的条件。在苗弱的条件下,浇水与施氮肥相配合与适当提高棚温相配合才能较快地促使弱苗弱株茁壮成长。

第七章　日光温室苦瓜栽培管理经验与新技术

一、日光温室苦瓜定植方法要科学

苦瓜定植前后管理不当，是造成苦瓜缓苗慢、花打顶的重要原因。定植方法是否合理，直接关系到苦瓜定植后的生长。目前苦瓜定植时存在很多问题，如采用平畦栽培、沟施的有机肥未腐熟、定植后浇水量过大等，严重影响了苦瓜的生长。

(一)起垄定植

冬季光照弱、地温低，是影响苦瓜缓苗、生长的主要限制因素。遇连续阴雪天气，温室内光照、温度长期较低。若采用平畦栽培，不利于定植后地温升高，缓苗慢。冬季苦瓜栽培，起垄更具优势，这里的起垄定植是指起大垄，苦瓜定植在垄肩部位，沟要深一些、窄一些，以利于增加光照面积，提高地温。

(二)轻提苗

轻提苗可以明显减少苦瓜伤口，减轻病害发生，但不少菜农对此未引起重视。苦瓜育苗多使用穴盘，定植取苗时注意不能直接捏着茎秆将苗提出，而应轻捏穴盘下部，将苗坨取出。这样，不仅可以减少在茎秆上形成的伤口，还可以保护根系、减少断根，防止病原物侵染，减少病害发生。

(三)浇小水

不少菜农都有定植后立即大水浇灌的习惯,这种方法适用于温度较高的夏秋季节,在冬季则是弊大于利。浇大水严重影响地温升高,根系再生困难;冬季水分蒸发量小,大水使得较长时间内土壤水分过多、空气减少,透气性变差,影响根系发育,甚至造成沤根。

浇小水一般是隔行浇水,总量要少,大约为普通浇水量的1/3~1/2。冬季温度低,蒸发量小,需水量小,这种浇水方法比较适宜。如果条件允许,定植后最好单株浇水,这样既满足了缓苗所需的水分,又有利于保持较高的地温,促进缓苗。

(四)穴施生物菌肥

经过长时间的连作种植,土壤中的有害菌增多,易发生病害,影响根系的发育。定植时,苦瓜根系不可避免地要受到损伤,给土壤中的有害菌提供了很好的侵染机会。定植后的一段时间,也是病害发生最为严重的时期之一。因此,早施生物菌肥可以起到明显的防病作用。穴施生物菌肥,可以增加土壤中有益菌数量,保护根际环境,维持土壤微生物平衡。而化学杀菌剂不仅杀灭了土壤中的有害微生物,也对有益微生物有害,虽然定植后的一段时间内病害不发生,但对根系的长期生长不一定有利。

二、科学通风,调控日光温室环境平衡

(一)通风的作用

通风的作用主要表现在 3 个方面:①降温。不管越冬茬苦瓜还是冬春茬苦瓜栽培,晴天中午时分温室内气温如高达 40℃以

上，这时植株体内多种合成分解酶、辅酶失去活性，作物代谢作用停止，光合作用停止，无干物质生成。时间过长植物局部会受到热害，时间再长会导致整株作物死亡。因此需要通风以降低温室内的温度，将其控制在作物最适宜生长的温度内，一般应控制在20℃～28℃。②排湿。冬天温度低，温室内湿度增加，作物表面易结露。从半夜到早晨揭帘子前空气相对湿度有时可达100%。温室覆盖膜表面水珠凝结下滴以及室内产生雾气等，常使作物叶面太湿，易发生多种病害，应注意放风排湿。③调节温室内气体平衡。农药分解出有害气体，粪肥释放氨气，质量不好的地膜、棚膜释放出有害气体等，都会危害作物，应及时排出温室，使新鲜空气进入温室。同时，通风能及时补充温室内的二氧化碳，有利于作物的光合作用。揭棚后苦瓜见光一小时，温室内二氧化碳消耗已达到补偿点以下，所以及时通风是非常重要的。

（二）通风的方式

在冬季，通风主要是靠通顶风来完成。有些有经验的菜农通常采用“一天两次通风”或“一天三次通风”的方式进行，以起到排出温室内的湿气和有害气体，补充温室内的二氧化碳和降温的作用。

（三）通风的具体方法

在不同的天气情况下通风方法有差异。一是晴天的通风。主要是控制温度。白天，上午温度达到20℃时开始放风，下午温度降到20℃左右时通小风，温度降为18℃左右时关闭通风口。从傍晚到上半夜是作物养分转化和运输的主要时期，此时温度以20℃～18℃最为适宜。下半夜作物呼吸作用加强，养分消耗较多，温度应控制在15℃～13℃，以减少呼吸作用的营养消耗。二是阴天的通风。主要是在保温的情况下控制湿度。在气温不低于

13℃早晨通风半小时，中午较热时通风1～2小时，傍晚通风半小时左右，而后盖帘子。三是雨雪天或大风降温天的通风。可在中午12时左右适当通小风半小时，达到既交换气体又使气温不陡然下降。千万注意不能只顾保温而忽视二氧化碳的补充而影响光合作用。

三、冬天日光温室苦瓜什么时间通风好

在苦瓜日光温室中，晚上会积累较多的二氧化碳，这主要是由土壤中的有机质分解而释放出来的，也有一部分是苦瓜的呼吸作用产生的。因冬天傍晚日光温室关闭，会使晚上棚中的二氧化碳积累到很高的浓度，通常有机肥充足的棚二氧化碳浓度可达1 500毫升/米^3，甚至更高，是空气中二氧化碳的5倍。充分利用温室中的二氧化碳供应光合作用的需要，可大幅度提高光合产物数量，明显提高苦瓜产量。这就要求菜农注意不能过早地通风，避免温室中的这些二氧化碳逸出棚外。据研究，拉开棚上的草苫子后，在良好的光照条件下，温室中积累一夜的二氧化碳可供温室中苦瓜1小时左右的光合作用的需要，所以即使温度条件适宜通风，在拉开棚后一小时之内也不要通风。过早地放风会使部分二氧化碳逸出温室外，从而减少了光合产物的生成量，该得到的产量没有得到。

如上所述，揭棚见光后，温室中的二氧化碳只够1小时所需，如果1小时后还不通风，温室中的二氧化碳已耗尽，则光合作用停止。此时即使光照条件再好，也没有光合产物生成，白白地浪费了上午的大好时光。因此，只要温度条件适宜，在揭棚一小时后，就应立即通风，使温室外空气中的二氧化碳早进温室，使苦瓜的光合作用连续地进行。所以，揭棚1小时之后不通风是完全错误的。有时因为温室外温度较低，需维持适当的棚温，可以把通风口由小到大分段放开。

四、如何保证苦瓜中后期持续结果

为使苦瓜在中后期持续结果不歇茬，需做好以下4项工作。

(一)及时整枝剪蔓

苦瓜生长中后期枝蔓丛生，此时若不及时整枝剪蔓，不仅消耗部分营养，还容易造成田间郁闭，养分不能集中供应，导致苦瓜生长不良，抗逆能力降低。因此必须及时整枝剪蔓。

(二)及时浇水施肥

随着气温的升高，植株长势比冬天要快得多，这就要求肥水供应一定要充足。苦瓜喜湿润环境，一般每隔7～10天浇一次水即可，随水冲施一些全水溶性肥料(如地力丰20∶20∶20)，不仅可供给苦瓜生长所需的营养，而且还有利于生根壮秧，以后随着温度的升高，温室内蒸发量加大，还要适当缩短浇水时间。

(三)适时喷洒叶面肥

为了防止苦瓜早衰，可适当适时喷洒叶面肥，以保持苦瓜长势，提高产量。可每7～15天喷洒1次，地力丰(20∶20∶20)能有效延缓苦瓜植株衰老。

(四)及时防治病虫害

苦瓜进入中后期，植株本身的抗逆能力降低，感染病虫害的机会增多，此时需要提早预防病虫害。苦瓜生长后期的病害主要是白粉病，可喷洒12.5%腈菌唑乳油2 000倍液或12.5%特普唑可湿性粉剂1 500倍液进行防治。随着温度升高，病毒病也将成为危害苦瓜的病害，要注意调整好温度，做好防虫工作，并提前喷洒病毒 A 500 倍液+宁南霉素 300 倍液,防治效果较好。

五、苦瓜疏蔓效果好

苦瓜不疏蔓有四大弊端:一是茎蔓过多导致田间郁闭。由于苦瓜以侧蔓结瓜为主,所以有的菜农为提高苦瓜的前期产量,多从主蔓高 1.2 米左右开始往上多留侧蔓。若一直不给苦瓜整枝,到苦瓜生长中后期瓜蔓往往纵横密布,造成株行间郁闭,通风透光变差。二是消耗养分过多。大量的侧蔓和老化枝致使植株茎蔓消耗的营养过多,而供给开花结果的营养减少,常造成花芽分化不良,畸形瓜和化瓜增多。三是病害多。植株郁闭、营养缺乏使得植株抗病性降低,白粉病、炭疽病和细菌性病害发病重。四是农事操作困难。温室内密密麻麻的茎蔓,常导致喷药不到位,防病效果差。茎蔓过多,苦瓜授粉时雌花、雄花难以找到,导致授粉受精率降低。为此,应重视适当疏蔓。尤其是在苦瓜生长中后期,应及时去掉那些老化的、无花无瓜的瓜蔓,以及那些细细弱弱,半米多长了还没有雌花的弱瓜蔓。这样的疏蔓不但不会降低苦瓜产量,只会提高苦瓜的产量和品质。

六、根据苦瓜生长特性,增加苦瓜雌花量

苦瓜花芽分化是从苗期开始的,因此苗期的环境条件对雌花分化量影响较大。温度低于 20℃和短日照(少于 12 小时)有利于苦瓜雌花的发育。但在夏季育苗,这两方面都很难做到。寿光菜农的经验是,育苗时选择下午有遮荫的地方,在育苗畦上方设置遮阳网,缩短阳光直射时间,尽量降低温度。

苦瓜以侧蔓结瓜为主,主蔓 10 节以后结瓜,而侧蔓 2 节即可结瓜,所以苦瓜吊架后要及时摘心促进侧蔓萌发,但也不是侧蔓萌

发越多,开花结瓜就越多。由于苦瓜进入开花结瓜期后喜欢强光照,若侧蔓太多,相互遮荫,只会导致侧蔓徒长,反而降低坐瓜率,所以要及时对苦瓜侧蔓进行整枝,疏除过多的侧蔓,保证田间的通风透光性。

苦瓜雌花数量少,可通过药剂调节增加雌花数量,如喷洒增瓜灵(有效成分为萘乙酸)600 倍液,但药剂必须至少提早 15 天喷洒,因为这些药剂都是诱导雌花分化而增加雌花量的,喷洒后短时间内效果不明显,并且不要短期内连续喷用,以防止产生植株老化、叶黄节短等问题。

七、苦瓜进入结果盛期后科学整枝创高效

苦瓜的产量主要来源于侧蔓结果,所以菜农种苦瓜一般不进行整枝打杈。但苦瓜进入结果盛期后,由于长期不整枝,会导致苦瓜枝条杂乱、田间郁闭,喷药更是很难喷透、喷匀。

苦瓜的分枝性特别强,侧蔓很多,所以苦瓜前期也必须整枝,充分利用有效空间分布枝条,才能使苦瓜枝条有序生长,保证良好的通风透光条件。如果前期不进行整枝,温室内到处都是枝条结成的“网”,最终影响到产量和品质。正确的做法是“一吊,二绕,三摘”。

一吊,即及时吊枝。当苦瓜长至 40 厘米左右时,用尼龙绳吊蔓。几天后,待苦瓜爬到铁丝上时,每行主蔓统一向一个方向牵引。

二绕,即绕蔓。当主蔓爬到架上后,保留 2～3 个健壮的侧蔓与主蔓一起横向绕到棚架铁丝上。为保证良好的通风透光条件和减少营养消耗,棚架以下的侧蔓、卷须应全部疏除。对爬上架后长出的侧蔓,无瓜蔓、弱蔓、病虫蔓及时去掉,只保留结瓜蔓。一条侧蔓上出现 2 朵雌花时,只保留结瓜质量较好的雌花即可。如果植

株生长过旺,可以同时留 2 个雌花。当第一个瓜摘除后,每株保留 5~6 个侧蔓即可,主、侧蔓不必摘心。

三摘,即适时摘叶。苦瓜生长中后期要注意摘叶,及时摘除植株下部的老叶、黄叶、病叶,以及悬挂到铁丝下部的无瓜枝条,防止田间郁闭和病害流行。

八、科学坠瓜,减少苦瓜弯曲瓜

苦瓜枝蔓较多,幼瓜容易耽到枝蔓上造成弯瓜,这些弯瓜长大后只能作为次品销售,因而大大降低了苦瓜生产效益。在苦瓜出现弯瓜后,应及时通过坠瓜的方式让苦瓜恢复顺直,这样可提高苦瓜的商品性和种植效益。

苦瓜不同于黄瓜,可以直接将土块或石块用绳绑在瓜上,即可让弯瓜变为直瓜。苦瓜无刺,土块无法挂到瓜体上,可以将土块用绳系在苦瓜花的后面,即瓜条与花的结合部。因为此处结合点较为细小,所以系绳不能过粗,可将尼龙吊绳劈开形成细丝,利用尼龙细丝将土块绑住,然后打个活结将其紧绑在弯曲的苦瓜花后面,防止土块掉下,即可将弯瓜坠成直瓜。需要注意的是,坠瓜不可过晚,当苦瓜长到 6~8 厘米长时坠瓜最好,如果苦瓜长得过大再坠瓜效果就会大打折扣。

苦瓜不要求带花,在摘瓜时将土块连同花托一起除去即可。

九、日光温室苦瓜喷施赤霉素效果好

(一)使用效果

赤霉素对苦瓜性别分化有影响,低浓度的赤霉素对苦瓜有显著的促雌作用。喷施赤霉素可使苦瓜第一雄花节位上升、第一雌花节位下降，植株总的雌花数和雌、雄花比值都上升。同时能使单瓜质量增加，从而达到增产的效果。赤霉素处理不仅对苦瓜有促雌的效果，而且还能提高苦瓜坐瓜率和单瓜质量，从而提高单株产量。

（二）使用方法

在苦瓜 1～3 片真叶期，用 20～40 毫克/千克赤霉素溶液喷洒叶面。

（三）注意事项

首先，喷赤霉素溶液的浓度要准确（一定要看说明书），浓度过高达不到促雌作用，且容易使植株徒长失绿，甚至枯死，而且还容易使产品出现畸形。纯品赤霉素较难溶于水，可先用酒精或高浓度的烧酒溶解，再加水到需要的浓度。切忌用高于 50℃的热水去对药液，对好药液后要立即使用，长时间贮藏容易失效。

十、日光温室苦瓜栽培需施入大量农家肥

苦瓜日光温室等保护地反季节栽培，自然条件较差，温室内温度低、光照弱，植株光合能力差，营养物质积累少。在土壤温度低、透气性差的情况下，根系的吸收能力明显下降，植株长势弱，抗逆能力降低，直接影响苦瓜在冬春的生长。大量施入有机肥后，不但能为苦瓜生长提供物质营养，改善土壤理化性状，增加土壤的透气性，还可相应提高土壤温度等，给苦瓜根系生长提供良好的生长环境。

越冬茬苦瓜栽培，要求每 667 平方米施有机肥 20～30 立方米。在有机肥不足的情况下，可增施饼肥 200～300 千克。也可施鸡粪、猪粪，但每 667 平方米施用量不少于 10 立方米，在猪粪、鸡

粪中掺一部分麦秸、杂草等进行发酵后再施用，将杜绝生粪或发酵不彻底的肥料进入温室内。如温室内施入生粪发酵后产生的有害气体将严重危害幼苗叶片，还会造成幼苗烧根。

早春茬苦瓜施用农家肥的数量要求和越冬茬一样多。如果施肥量不足，采用开沟集中施用的方法效果也不错。采取埂下集中施肥后，在苦瓜生育前期根系尚未十分发达时，在不良的前期环境条件下，可相对满足苦瓜对营养的需求。苦瓜早春栽培时，一般育苗床和栽培棚是分开建造的，在整地施肥时，应该在全棚施肥整地后同时定植为好。若边整地施肥边定植，后来施肥时要注意防止肥料的有害气体熏苗。在生产中这种毁苗现象屡屡发生，要引以为戒。

施入化肥作基肥时，一是不宜过量，防止不必要的流失和浪费，一般每 667 平方米以 25 千克为宜；二是施用化肥品种要以氮、钾肥为主，根据几年来多点调查，大量施入磷肥，化瓜多，坐果比例下降。

十一、怎样做到鸡粪分批分次施用

不少菜农在施用鸡粪等有机肥时，多将其作为基肥一次性集中大量地施用。这样做，容易导致开花前的苦瓜出现烧根、烧苗、气害等问题，严重影响苦瓜产量和效益的提高。生产上应改一次性施入为分次分批施用，以满足苦瓜不同生长期对养分的需求。其具体做法为：每 667 平方米苦瓜一般施用 10 立方米鸡粪，且分三次施用。

第一次施肥：在苦瓜定植前 25 天施行，施入 5 立方米鸡粪作基肥，并结合 50 千克三元复合肥（15：15：15）加 150 克硼肥加 250 克硫酸锌一并施入土壤中，然后翻地做畦。这一次施肥为苦瓜前期生长提供了充足的养分，可促进根系生长，培育壮棵，为苦瓜高产打下了基础。

第二次施肥：在苦瓜定植前15～20天施行，施入3立方米鸡粪配合农作物秸秆利用生物反应堆技术进行发酵。此时地温高，发酵快，经15天左右，有机肥充分发酵腐熟后就可定植。该技术分解发酵能够产生二氧化碳和有机酸类物质并释放热量，二氧化碳可直接被苦瓜吸收，增强光合作用，增加苦瓜光合产物的积累；秸秆发酵过程中产生的热量可以提高地温2℃～3℃。

第三次施肥：在苦瓜定植后开花结果期施行，把剩余的2立方米鸡粪在大行间挖沟施入，进行追肥。通过沟施，可引根向下，使苦瓜根系向四周伸展，能增加苦瓜中后期产量，尤其是能满足苦瓜开花结果盛期对养分的需求，避免了单一冲施鸡粪造成的烧根、气害等问题，同时追肥基本不会增加土壤盐离子浓度，不影响根系的正常呼吸。

一次性集中施入大量有机肥和化肥，会增加土壤中的盐离子浓度，严重时土壤表层会泛起红碱。而肥料分批分次施用，形成了细水长流式供肥，能够不断地满足苦瓜整个生长期对养分的需求，结出的苦瓜品质好，产量高。

十二、冬春茬苦瓜栽培管理要把好“四关”

（一）防寒关

反季节苦瓜于每年的11月上中旬种植，此时开始气温较低，时有冷空气甚至霜冻等造成苦瓜生长不良或被冻死。为确保苦瓜正常生长发育，温室内白天气温应维持18℃～28℃，夜间气温维持在12℃～18℃。温室内气温日变化是：由凌晨的12℃上升至中午的28℃，当午后温室内气温超过30℃时立即开天窗通风降温，当降至25℃时关闭天窗停止放风。日落前盖草苫时为21℃～

22℃，上半夜不低于16℃，下半夜不低于12℃。若遇连阴雪天气，温室内白天气温应保持不低于18℃，夜间不低于10℃，凌晨短时最低温度不低于8℃。

(二)防 病 关

反季节冬春茬苦瓜由于栽种在日光温室中，病害较为严重，主要有白粉病、炭疽病等。若防治不及时，将严重影响其产量与质量。因此，在病虫害防治上要贯彻“预防为主，综合防治”的方针，做好以下工作：①选用抗病虫害的品种。栽培上选用品种纯正，种子饱满，抗性强，适应于当地栽培的“短绿”优良品种。②种子变温处理。播前用50℃～55℃温水浸种10～20分钟。③移植前适时炼苗，喷一次杀菌剂，以提高其抗病力。④实行轮作，选择土层深厚，排灌方便，富含有机质，保水保肥性能好，pH值为6～7.5的偏黏性砂壤土。忌与瓜类作物连作，实行轮作。⑤土壤消毒，做好营养土、种植地的晒土工作，同时进行土壤消毒。⑥及时清除病虫果，减少病虫源。⑦合理调节温室内的温度和湿度。因苦瓜喜湿热气候，棚中适宜温度应为22℃～30℃，相对空气湿度为70%～80%。如温室中温度高于30℃，应及时打开棚口通风，避免叶片被灼伤，减少白粉病发生。到3月中下旬，温室内温度高于30℃时，田间应打开温室顶通风口通风；到4月中下旬气温趋于稳定且日平均气温超过20℃时，即可将棚膜完全打开。注意打开棚膜应有一个渐进的过程。⑧适时喷药。根据病虫的预测预报，制定防治措施，实行科学防治。选用高效低毒农药或生物农药喷雾时，要严格掌握其使用浓度与安全间隔期，以确保其食用品质与安全。

(三)坐 果 关

为确保苦瓜的产量与效益，要做好以下两项工作：①人工辅助授粉。苦瓜为异花授粉作物，以昆虫传粉为主。反季节苦瓜的生长前期(揭膜前)有薄膜覆盖,昆虫极少,难以授粉;生长后期(揭膜后)虽然有昆虫和风传粉,但授粉不良。为提高反季节苦瓜产量,要采用人工辅助授粉的方法,于晴天上午8～10时摘取当天盛开的雄花,与当天盛开的雌花轻轻摩擦,使花粉均匀布满柱头,提高其坐果率及生长速度。②加强肥水管理。由于反季节苦瓜生长期长达7个月以上,连续不断地开花结果,可陆续采收,因此在施足基肥、培育壮苗的基础上,还要注意及时进行追肥,结果期每7～10天追肥1次,每667平方米施复合肥10～15千克;同时适时辅以根外追肥,特别在寒流到来之前1～2天内喷1次根外追肥,可提高其抗寒能力,促进开花结果。肥料的施用应以复合肥为主,少施或不施氮肥,增施钾肥。水分以保持畦面湿润即可,防止温室土壤湿度过大,以免烂根。

(四)连续阴雪天气的管理关

遇到连续阴雪天气时,白天要及时扫除棚膜上面的积雪,争取散光照和刹那间半晴或晴光照。也可于温室内安电灯或其他灯补光。连续4～5天以上的阴雪天气骤然转晴后,切勿早揭和全揭草苫,应采取“揭花苫,喷温水,防闪秧”的方式管理。

十三、日光温室苦瓜行间覆草技术

日光温室苦瓜一般都采取高垄种植,覆地膜时,两个高垄中间留宽45厘米左右的空背。作为田间管理和采摘苦瓜时的作业道。据试验,在空背上铺草是实现苦瓜优质高产行之有效的实用技术。

(一)铺草方法

把各种杂草、麦秸、玉米秸、稻草等铡成10厘米左右的小段,在苦瓜结果前秧苗还不太高时,在晴天中午12时至下午14时把草铺在空背上，厚度一般以 5 厘米左右为宜。

（二）铺草的好处

在空背上铺草有 5 个好处：①提高土壤肥力。据测定，每 667 平方米铺草 750 千克，草腐烂后提供的氮、磷、钾养分相当于硫酸铵 18.75 千克、过磷酸钙 6.25 千克、硫酸钾 3.75 千克，并且能抑制杂草生长。②提高地温。空背铺草后，夜间可防止热量扩散，白天能吸收一定的热量，再加上草料腐烂过程中散发的热量，可明显提高室内温度。③防止土壤板结。进行田间管理和采摘苦瓜需经常行走在空背上，易导致土壤板结。由于铺草后土壤通透性处于良好状态，从而为根系向地表伸展，扩大水肥吸收范围创造了有利条件。④减轻病害。日光温室中的水分和湿度是诱发苦瓜霜霉病的重要条件之一。空背铺草后，减少了地表水分的蒸发，有效地控制了室内湿度，从而在一定程度上能减轻霜霉病和其他病害的发生和危害。⑤省工省水。据调查，栽培冬春茬苦瓜，从摘第一个果实到拉秧，铺草后一般可减少浇水 5～8 次，每 667 平方米可节约用水 200 立方米，节省人工 12 个左右。

十四、日光温室苦瓜栽培光照调节技术

苦瓜属于短日照作物，喜光不耐阴。但经过长期的人工栽培，对日照长短的要求已不太严格，这也是它适应性广的一种表现。在日光温室栽培条件下，温度适宜时，一年四季均可开花结果。特别是从纬度偏高地区引进的品种，有更强的适应性。

苦瓜在日光温室栽培条件下，育苗期一般处于低温短日照时段，苦瓜的表现是雌花节位明显降低。如中熟品种露地生产时，雌花节位在第十四至第十五节着生，而利用短日照低温条件育苗后雌花节位明显降至 10 节以下，这就为中晚熟品种的大型果实苦瓜

在日光温室内冬春季节生产奠定了基础，从而可生产出果实大、品质优良的苦瓜。

苦瓜在连续阴雨天气表现差别大，叶片绿色变浅，植株茎蔓细弱，落花落果严重。从实际栽培中补光的效果来看，连续阴雨天适当补充光照，可有效地增强植株长势，减少落花落果，对增产有一定的辅助作用。

夏季强光照，对苦瓜生长也有一定的影响。日光温室越夏苦瓜在外界光照度达 14 万勒克斯左右时，用遮阳率为 40%的遮阳网覆盖，有明显的增产作用，可延缓植株的衰老，增强叶片的抗病性。也可在夏季加大通风量，实行不揭棚膜连续生产，效果也很好。

冬春季节日光温室栽培的苦瓜，要尽量延长见光时间和提高棚膜进光强度：早晨，在温度条件许可的情况下早一点揭开草苫见光；下午，晚盖草苫延长见光时间；晴天中午要经常清扫和擦洗棚膜，让光照尽量多地进入温室，以满足苦瓜对光照的要求；阴、雨、雪天要短时间揭苫，让苦瓜见到散射弱光，防止连续几天不揭苫，让苦瓜形成光饥饿而造成天气转晴时死苗现象。具体讲，冬春季节补充光照主要有以下四项措施。

一是改善栽培措施。按照“北高南低”的原则布局搭配；严格栽培规格，株行距协调一致，使植株生长整齐，以减少株间遮光；及时整枝，打掉病叶、虫咬叶和老叶，改善植株透光条件。

二是坚持清扫棚膜。棚膜上附着的灰尘、水滴等对温室内光照状况影响较大，如棚膜上附着一层水滴，可使透光率下降30%～40%。新棚膜使用 5 天、10 天、15 天后，因黏附灰尘会使温室内光照依次减弱 16%、25%和 28%。因此，应坚持清扫棚膜，可于每天早晨温室揭完盖帘后，用软布条捆在木杆上，将塑料薄膜棚面的灰尘和杂物等清扫干净，这样可增加光照 30%以上。减少棚膜上的水滴，可采取以下 4 个方法：一可选用无滴膜架棚，无滴膜面水滴黏附少，透光率高；二可采用滴灌技术给苦瓜灌水，既节约用水，又可使温室内空气相对湿度降低 10%以上，减少水滴在棚膜上凝结；三可在灌水后立即通风降湿，但要适度，不要降低棚温；四可在早晨用干净抹布擦干棚膜上的水滴。此外，遇到雪天，雪停后要及时清除棚膜上的积雪，以增加棚膜透明度。

三是用反光幕增光。利用聚酯镀铝膜拼接成 2 米宽、3 米长的反光幕，挂在温室后立柱上端，下边垂至地面，可使地面增光 35%～42%，棚温提高 3℃～4℃，地温提高 1.8℃～2.9℃。

四是适时揭盖草苫。盖草苫是常用的保温手段，但盖草苫后影响日光温室采光。为此，可根据天气状况，适当提早揭草苫，延迟盖草苫，以延长日光温室光照时间。一般在太阳出来后 0.5～1 小时揭帘，太阳落山前 0.5 小时盖草苫为好。阴天也应适时揭帘，增加散射光照射。有条件的地方安装利用电动卷帘机，缩短揭盖草苫的时间，相对增加温室内的光照时间。

十五、苦瓜有机生态型无土栽培技术

寿光市农业高科技示范园利用日光温室进行苦瓜有机生态型无土栽培已获得成功，每 667 平方米产量达 8 000 千克以上，取得了良好的经济效益。

（一）栽培设施

主要利用现有的日光温室进行苦瓜有机生态型无土栽培。日光温室内还需安装有机生态型无土栽培系统，主要包括两大设施。

1. 栽培槽　用砖在日光温室内垒成内径、深度分别为 30 厘米×30 厘米的南北向栽培槽，槽间距 100 厘米作走道，槽坡度为 2%左右，槽基部铺一层 0.1 毫米厚的薄膜，膜上铺 5～10 厘米厚的洁净粗炉渣，炉渣上填充已消毒的栽培基质（炉渣：泥渣＝

6∶4),每立方米基质中再加入蔬菜专用肥 3 千克、10 千克消毒干鸡粪,混匀后即可填槽。

2. 灌水设施　浇水采用贮水池自然压力滴灌,每个温室建立独立的贮水池,池长 4 米、宽 1.5 米、高 2 米,池底面应高出地平面 0.5 米。为防止遮阳和占用过多的种植面积,水池应沿日光温室的山墙建造。温室内主管道及栽培槽内的滴灌带均可用塑料管,每槽铺设两条滴管,并在滴管带上覆盖一层 0.1 毫米厚的窄塑料薄膜,以防止滴灌水外喷及蒸发。

(二)培育壮苗

育苗品种选用寿光中绿苦瓜,于 6 月中下旬用温汤浸种催芽,待 70%种子露白后即可播种。采用 8 厘米×8 厘米营养钵无土育苗,按草炭、蛭石、珍珠岩的比例为 1∶1∶1 配好基质,每立方米基质再加入经消毒的干鸡粪 5～8 千克和三元复合肥 2 千克混匀后填入营养钵,浇足水后每孔播入 1 粒种子,上覆润湿的细基质 2 厘米厚,出苗前温度保持 28℃～30℃,出苗后昼温保持 25℃左右,夜温保持 15℃左右,保持基质湿润。

秋冬茬育苗,正处于炎热的夏季,气温较高,出苗后宜采用遮阳网遮光降温,以培育壮苗。同时为防止幼苗生长,采用 300 毫克/千克的矮壮素喷施,一般经 15～20 天、幼苗具 1～2 片真叶时即可定植。

(三)定　植

将槽内细基质翻匀整平,浇足水待水渗后挖坑定植,一般株距为 20 厘米,每 667 平方米定植 2 200 株,栽后轻浇 1 次定根水。

(四)田间管理

1. 肥水管理　定植后 7 天浇 1 次缓苗水,保持基质湿润。坐果后晴天上、下午各浇1次水，阴雨天可视基质具体情况少浇水或不浇水。定植后20天开始追肥，以后每隔15天追1次肥，每次每667平方米施经消毒的鸡粪200千克加三元复合肥20千克。施用时将肥料于距植株基部10厘米处埋入5厘米深的基质中，随后灌水。同时针对日光温室内二氧化碳气体亏缺的实际情况补施二氧化碳气肥。

2. 温度和光照管理 定植后温室内白天温度应保持20℃～25℃，夜间保持在12℃左右，坐瓜后昼温保持25℃～28℃，夜温保持15℃。夏秋季节(6～8月)温度管理重点是注意用遮阳网遮光降温排湿；冬春季节(10月～翌年3月)以保温为主，尽量延长采收上市期。

3. 植株调整 蔓长30～40厘米时开始吊蔓，吊蔓时间隔地将苗引向距离地面160厘米高、间距为80厘米的2根钢丝上。摘除第一雌花节位以下的侧蔓，以后侧蔓留1～2片叶摘心，及时剪除卷须，以节约养分。随着苦瓜茎蔓的生长，要及时落蔓，蔓的高度一般不应超过160厘米；同时要及时摘除2/3的雄花和植株中下部的病残茎叶，以免消耗养分和传播病害。

4. 人工授粉与激素处理 早晨6～9时摘取已开放的雄花，将花粉轻轻地涂在雌花柱头上，也可在上午10时前用20～30毫克/千克的防落素涂抹瓜柄和柱头。

(五)采　收

定植后55天即可陆续采收上市，一般在苦瓜瘤状物长满并发亮时应及时采收，否则会引起茎蔓早衰，产量降低。

十六、苦瓜再生栽培技术

采用修整茎蔓、控制水肥等栽培措施，促进苦瓜再生，以实现

1次种植2次收获，增加收入的目的。苦瓜的再生栽培包括以下6个主要技术环节：

（一）选用良种

选用瓜型较长、瓜粗大的长身苦瓜品种，如寿光长绿、寿光中绿等。

（二）适时播种

播种时间的选择可根据采收盛期与市场销售旺季错开的原则进行，一般在1～5月份均可播种。苦瓜再生栽培时间长，根系发达，要求土壤持续供肥能力强，因此，应选择在土层深厚、土质肥沃、排灌方便、保水保肥能力强的壤土上种植。

（三）定　植

1. 整地施肥　整地应采用全棚深翻耕的方式进行。翻耕前每667平方米施腐熟鸡粪等有机肥3500千克、过磷酸钙40千克，耙烂耙匀。

2. 起畦种植　畦面以1.7～1.8米（包括沟）为宜，畦面宽1.2米、沟宽40～50厘米、沟深40厘米。定植前每667平方米在畦面中央开沟施入过磷酸钙20千克、复合肥20千克。采用双行栽培方式，定植规格（行株距）为0.9米×0.35米，每667平方米定植2000株左右。

（四）搭架引蔓

1. 吊架　一般采用吊绳吊架。

2. 引蔓　当苦瓜长约40厘米时，应及时引蔓、绑蔓。引蔓上架时不要让主蔓直线向上，以斜向固定为好，同时应注意让叶片均匀分布，以充分利用生长空间。

3. 整枝 苦瓜的分枝能力较强，茎蔓较多，为使养分集中于主茎蔓和几条主要的侧蔓上，在初花期前摘除侧蔓，主蔓1米以下只留2条粗壮的侧蔓开花结果，应把1米以下多余的分枝除去，以减少养分消耗，改善通风透光环境，防止结瓜难、早衰等现象的发生。

(五)整枝施肥促再生

1. 整枝理瓜 当苦瓜第一次采收盛期过后，即进入采收后期，植株上部叶片开始转黄，瓜型变短变细，应进行1次全面的修枝剪枝。将大部分离地面0.5米以上的老茎(带部分瓜果)剪去，仅留少部分嫩茎。

2. 喷药防病 修枝后第一天，应及时喷1次杀菌剂防病。用75%百菌清800倍液或70%甲基硫菌灵800倍液喷洒防病。

3. 及时施肥 修枝后应及时施肥，促进新生枝叶生长。修枝后2～3天，每667平方米在畦面中央沟内施入腐熟猪牛粪等有机肥1000千克，硫酸钾复合肥25千克，尿素10千克。

(六)加强肥水管理

苦瓜再生的生长与修枝前的生长特点相似，但时间较短，因此肥水管理宜早不宜迟。

1. 及时追肥 苦瓜再生的追肥应掌握前期轻、中期重、后期补的原则进行。修枝后7～10天，每667平方米追施10%的腐熟人粪水1000千克作促苗肥，以促进新根及新叶生长。进入采果期后每667平方米追施三元复合肥20千克、硫酸钾10千克。以后每收获一段时间(8～10天)每667平方米施硫酸钾复合肥10千克、尿素5千克，以延长采收期。同时也可采用根外追肥的方法，如喷施磷酸二氢钾、硫酸镁、硼砂等微量元素，或1%尿素溶液作叶面追肥。

2. 水分管理　苦瓜再生多在夏季进行，降雨多，空气相对湿度和土壤湿度较大，可少浇水。遇高温烈日，为降低气温和补充因蒸腾作用而损失的水分，应及时浇水。

第八章　日光温室苦瓜病虫害防治技术

一、侵染性病害

(一)苦瓜猝倒病

又叫卡脖子、绵腐病。育苗畦中的幼苗,往往造成幼苗成片死亡,导致缺苗断垄,影响用苗计划。

【病　原】 猝倒病的病原为真菌中藻状菌的腐霉和疫霉菌。以卵孢子在土壤中越冬,由卵孢子和孢子囊从苗基部侵染发病。病菌在土壤中能存活1年以上。

【危害症状】 种子在出土前被侵染发病时,则造成烂种。幼苗发病,茎基部产出水渍状暗色病斑,绕茎扩展后,病斑收缩呈线状而倒伏,在子叶以下病斑出现"卡脖子"现象,倒伏的幼苗在短期内仍保持绿色。当地面潮湿时,病部密生白色绵状霉,轻则死苗,严重时幼苗成片死亡。

【发病条件】 腐霉菌侵染发病的最适温度为15℃～16℃,疫霉菌为16℃～20℃,一般在苗床低温、高湿时最易发病。育苗期遇阴雨天或下雪天,幼苗常发病。通常在苗床管理不善、漏雨或灌水过多,保温不良,造成床内低温、潮湿条件时,病害发展快。

【防治方法】 ①加强管理。选择地势高燥、水源方便,前茬未种过瓜类蔬菜的地块做育苗床,床土要及早翻晒,施用的肥要腐熟,均匀,床面要平,无大土粒,播种前早覆盖,提高床温到20℃以上。②培育壮苗。以提高植株抗性。幼苗出土后进行中耕松土,特别在阴雨、低温天气时要重视中耕,以减轻床内湿度,提高土温,促进根系生长。连续阴雨后转晴时，应加强通风，中午可用草苫遮荫，以防烤苗或苗子萎蔫。如果发现有病株，要立即拔除烧毁，并对病穴撒石灰或草木灰消毒。③实行苗床轮作。用前茬为叶菜类的阳畦或苗床培育苦瓜苗。旧苗床或常发病的地畦，要换床土或改建新苗床，否则要进行床土消毒育苗。每平方米用甲基硫菌灵或苯并咪唑 5 克与 50 倍干细土拌匀后，撒在床面上。也可用多菌灵与福美双（或代森锌）各 25 克与半潮细土 50 千克拌成药土，在播种时下垫上盖，有一定的保苗效果。④喷药防治。当幼苗已发病后，为控制其蔓延，可用铜铵合剂防治，即用硫酸铜 1 份、碳酸铵 2 份磨成粉末混合，放在密闭容器内封存 24 小时，每次取出铜铵合剂 50 克对清水 12.5 升喷洒床面。也可用硫酸铜粉 2 份、硫酸铵 15 份、石灰 3 份混合后放在容器内密闭 24 小时，使用时每 50 克对水 20 升喷洒畦面，每隔 7～10 天喷 1 次。

（二）苦瓜立枯病

【危害症状】　病苗茎基部产生椭圆形暗褐色斑，后渐凹陷，病斑绕茎基一周后缢缩。潮湿时，病部有不显著淡褐色蛛丝状霉。病苗初呈萎蔫状，后直立枯死。

【发病规律】　该病为真菌病害，在土壤中或病株残体上越冬。通过雨水、灌溉水、农具、带菌堆肥等传播。在高温（17℃～28℃）高湿条件下有利于发病。此外，秧苗过密，通风不良，光照不足，秧苗纤弱时易发病。

【防治方法】　①苗床建立、土壤消毒、种子处理和苗床管理的方法同猝倒病。②药剂防治，除用猝倒病防治的药剂外，还可用 64%噁霜灵·锰锌 500 倍液，或 70%代森锰锌 500 倍液，或 50%甲基硫菌灵 500 倍液，或 15%噁霉灵 450 倍液喷施。药剂要交替使用，每 7～10 天喷 1 次，连喷 2～3 次。

(三)苦瓜枯萎病

苦瓜枯萎病又叫蔓割病、萎蔫病等。主要危害苦瓜的根和根颈部。

【危害症状】 苦瓜从幼苗至生长后期均可发病,尤以结瓜期发病最重。幼苗发病时,幼茎基部变黄褐色并收缩,而后子叶萎垂。成株发病时,茎基部水浸状腐烂缢缩,后发生纵裂,常流出胶质物,潮湿时病部长出粉红色霉状物(分生孢子),干缩后呈麻状。感病初期,表现为白天植株萎蔫,夜间又恢复正常,反复数天后全株萎蔫枯死。也有的在节茎部及节间出现黄褐色条斑,叶片自下而上变黄干枯,切开病茎,可见到维管束变褐色或腐烂。这是菌丝体侵入维管束组织分泌毒素所致,常导致水分输送受阻,引起茎叶萎蔫,最后枯死。

【病　原】 病原属真菌中的镰刀菌,以菌丝体、菌核、厚垣孢子在土壤中的病株残体上过冬。病菌的生活力很强,种子、粪肥也可带菌。一般病菌从幼根及根部、茎基部的伤口侵入,在维管束内繁殖蔓延。

【发病条件】 病菌在 4℃～38℃的气温下都能生长发育,最适温度为 28℃～32℃,土温达到 24℃～32℃时发病很快。凡重茬、施氮肥过多或肥料不够腐熟,或土壤呈酸性的温室,发病重。病菌在土壤中能够存活 10 年以上。

【防治措施】 ①严格实行 3～4 年以上的轮作。②选用抗病品种,采种时必须从无病植株上留种瓜。③播种前严格进行种子消毒,一般可用 40%福尔马林 100 倍液浸种 30 分钟,或用 50%多菌灵 1 500 倍液浸种 1 小时,然后取出用清水冲洗干净后催芽播种。④高垄栽培,多施磷、钾肥,少施氮肥;用充分腐熟的有机肥作基肥;发病期间适当减少浇水次数,严禁大水漫灌。⑤注意观察,发现病株则连根带土铲除销毁,并撒石灰于病穴,防止扩散蔓延。

⑥药剂防治。在苦瓜生长期或发病初期，用70％甲基硫菌灵1 500倍液或多菌灵1 000倍液浇灌植株根际土壤，灌药量为每株300毫升左右。

(四)苦瓜疫病

【危害症状】 主要危害果实，一般先在接触地面或靠近地面部分发生黄褐色水浸状病斑，病斑迅速扩大，稍凹陷，潮湿时表面密生白色绵状霉，病瓜腐烂发臭。叶上病斑黄褐色，受潮后长出白霉并腐烂，蔓上病菌开始为暗绿色，后扩大湿润变软，其上部枯萎。

【病　原】 苦瓜疫病的病原属真菌中的藻状苗，主要在土壤中或病株残体上越冬。苦瓜种子也能带菌，第二年育苗时直接侵染幼苗。

【发病条件】 病原菌致病适温为27℃～31℃，通常在7～9月间发生。果实进入成长期时浇大水，土壤含水量突然增高，容易引起发病。

【防治措施】 ①实行高垄(畦)栽培。遇干旱及时浇水，浇水时严禁大水漫灌，并应在晴天上午浇水。②消灭中心病株。平时注意观察，发现病株要立即拔除，并用石灰对病穴进行消毒。③喷药防治。发病前喷洒1∶1∶250倍的波尔多液，发病期间可喷洒75％百菌清500倍液，或80％代森锌700倍液。喷药要周到、细致，所有叶片、果实及病株附近地面都要喷到，每隔7～10天喷1次，共喷3～4次。

(五)苦瓜炭疽病

苦瓜炭疽病主要发生在植株开始衰老的中后期，被害部位主要是叶、茎和果实。如果环境条件适宜，苦瓜苗也能发病。

【危害症状】 叶片感病时，最初出现水浸状纺锤形或圆形斑点，叶片干枯呈黑色，外围有一紫黑色圈，似同心轮纹状。干燥时，病斑中央破裂，叶提前脱落。果实发病初期，表皮出现暗绿色油状斑点，病斑扩大后呈圆形或椭圆形凹陷，呈暗褐色或黑褐色；当空气潮湿时，中部产生粉红色分生孢子，严重时致使全果收缩腐烂。

【病　原】 病原属真菌中的半知菌，以菌丝体、拟菌核在土中病株残体或附着在种皮上越冬。种子带菌能直接侵入子叶，病斑上的分生孢子通过田间操作和昆虫传播，可直接侵入表皮细胞而发病。

【发病条件】 病菌在6℃～32℃的气温下均能生长发育，但最适温为22℃～27℃，平均气温达18℃以上便开始发病。气温在23℃、空气相对湿度在85%～95%时，病害流行严重。所以，此病在高温多雨季节、重茬、植株过密、生长弱的条件下发病重。

【防治措施】 ①在无病的健壮植株上留种瓜。播种前进行种子消毒，可用福尔马林100倍液浸种30分钟，捞出冲洗净后播种。②用有机肥作基肥并增施磷、钾肥，生长中期及时追肥，严防脱肥，苗期发现病株应及早拔除。定植后注意摘除病叶、病果。拉秧后及时清洁温室，重病地块要实行3～4年轮作。③收瓜时要防止损伤瓜皮，以减少病菌侵染机会。④发病初期喷洒50%异菌脲1 000倍液，或80%炭疽福美可湿性粉剂800倍液，或2%武夷菌素水剂200倍液，或40%嘧霉胺悬浮剂1 200倍液，或25%嘧菌酯800倍液，或60%吡唑醚菌酯·代森联可分散粒剂800倍液，每隔7～10天喷1次，共喷2～3次。

(六)苦瓜霜霉病

苦瓜霜霉病又叫跑马干、黑毛。该病主要危害苦瓜的叶片，特别在结瓜期发病严重。

【危害症状】 一般病菌从叶片的气孔侵入，最初在叶片上产生水浸状淡黄色小斑点，扩大后受叶脉限制呈多角形斑，黄褐色，潮湿时病斑背面长出灰色至紫黑色霉(孢子囊)，遇连续阴雨则病叶腐烂，如遇晴天则干枯易碎，一般从下往上发展，病重时全株枯死。

【病　原】 病原属真菌中的藻状菌。主要来自两个途径：一是以孢子囊形态传播发病；二是以卵孢子形态在土中病残叶上越冬，翌年通过风、雨传播侵染植株下部老叶片，以后向上蔓延。

【发病条件】 发病与温室内空气湿度、温度有密切关系。春季当气温回升达到 15℃，温室内空气相对湿度达 85%以上时，便开始发病。一般产生孢子囊的适温为 15℃～19℃，萌发适温为 22℃；气温为 20℃时，潜育期只有 4～5 天。多雨潮湿、忽晴忽雨、昼夜温差大的天气，最有利于病害蔓延。平均气温高于 30℃，或低于 10℃，病害很少发生。

【防治措施】 ①选用抗病品种，如寿光中绿苦瓜、绿人苦瓜等，并培育壮苗，提高抗病能力。②加强栽培管理。施足有机基肥，生长前期适当控制浇水，结瓜时期适当多浇水，但要严禁大水漫灌。植株适当稀植，增强通风透光。③药剂防治。幼苗在定植前喷一次药，可喷洒 50%福美双 500 倍液。当发现中心病株后立即喷洒 72.2%霜霉威水剂 600～700 倍液，或 72%霜脲·锰锌 600～800 倍液，或 69%安克锰锌可湿性粉剂 600～800 倍液，或 58%雷多米尔·锰锌或 58%甲霜灵·锰锌 500 倍液，或 25%甲霜灵 1 500 倍液，每隔 6～7 天喷 1 次，连续喷 2～3 次。日光温室苦瓜可用百菌清烟雾剂熏蒸，每 667 平方米用量 150～200 克，分成 7～8 个点熏烟。

（七）苦瓜白粉病

白粉病在苦瓜植株上普遍发生，主要发生于叶片上，其次为叶柄和蔓。

【危害症状】 先在植株下部叶片的正面或背面长出小圆形的粉状霉斑，逐渐扩大、厚密，不久连成一片。发病后期使整个叶片布满白粉，后变灰白色，最后使整个叶片变成黄褐色干枯。病害多从中下部叶片开始发生，以后逐渐向上部叶片蔓延。

【病　原】　该病为真菌单丝壳属侵染所致。本菌为专性寄生菌，只能在活体上进行寄生生活。

【发病条件】　该病在田间流行的温度为16℃～24℃。对湿度的适应范围广，当空气相对湿度在45%～75%时发病快，超过95%时显著抑制病情发展。一般在雨量偏少的年份发病轻。遇到连阴天、闷热天气时病害发展迅速。在植株长势弱或者徒长的情况下，也容易发生白粉病。

【防治方法】　①选用抗病品种。不同的品种对白粉病的抗性不同，一般早熟品种抗性弱，中晚熟品种抗性较强。②加强栽培管理。要重视培育壮苗，合理密植，及时整枝打叶，改善通风透光条件，使植株生长健壮，从而提高抗病能力。基肥需增施磷、钾肥，生长期间避免氮肥的过量使用。③药剂防治。发病初期喷洒27%高脂膜乳剂50～100倍液，或2%农抗120水剂或2%武夷霉素水剂200倍液。白粉病对硫特别敏感，可选用40%多硫胶悬剂800倍液，或25%乙嘧酚水剂800倍液，或10%苯醚甲环唑水分散剂1 500～2 000倍液，或20%三唑酮乳油1 500倍液，或12.5%腈菌唑乳油5 000倍液，每隔7～10天喷1次，连喷2～3次。在日光温室中用百菌清烟剂熏烟，兼治霜霉病和白粉病。喷药时要对下部老叶和叶片背面喷洒均匀。

(八)苦瓜斑点病

【危害症状】　该病主要危害苦瓜叶片，叶片初现近圆形褐色小斑，后扩大为椭圆形至不定形，色亦转呈灰褐至灰白色，严重时病斑汇合，致叶片局部干枯。潮湿时斑面呈现小黑点即病原菌分生孢子器，斑面常易破裂或穿孔。

【发病条件】　以菌丝体和分生孢子器随病残体遗落土中越

冬，日光温室内周年都种植苦瓜，病菌越冬期不明显。分生孢子借浇水传播，进行初侵染和再侵染，高温多湿的天气有利本病发生，连作或偏施过施氮肥的温室发病重。

【防治方法】 ①在发病重的日光温室内避免连作，注意田间卫生。②避免偏施过施氮肥，适当增施磷、钾肥，在生长期定期喷施植宝素或喷施宝等促植株早生快发减轻危害。③结合防治苦瓜炭疽病喷洒70%甲基硫菌灵可湿性粉剂800倍液加75%百菌清可湿性粉剂800倍液，或40%多硫悬浮剂500倍液，可兼治本病。

(九)苦瓜白绢病

【危害症状】 被害植株全株枯萎，茎基缠绕白色菌索或菜籽状茶褐色小核菌，患部变褐腐烂。土表可见大量白色菌索和茶褐色菌核。

【发病条件】 病菌以菌核或菌索随病残体遗落土中越冬，翌年条件适宜时，菌核或菌索产生菌丝进行初侵染。病株产生的绢丝状苗丝延伸接触邻近植株或菌核借浇水传播进行再侵染，使病害传播蔓延。连作或土质黏重或高温季节发病重。

【防治方法】 重病地避免连作；及时检查，发现病株及时拔除、烧毁，对病穴及其邻近植株淋灌5%井冈霉素水剂1 000～1 600倍液，每株(穴)淋灌0.4～0.5千克。也可用培养好的哈茨木霉0.4～0.45千克和50千克细土混匀后撒覆在病株基部，可有效地控制该病扩展。

(十)苦瓜蔓枯病

【危害症状】 主要危害叶片、茎蔓和果实，以茎蔓受害最大。叶片受害，初现褐色圆形病斑，中间多为灰褐色。茎蔓发病，病斑初为椭圆形或梭形，扩展后为不规则形，灰褐色，湿度大时常溢出胶质物，引起蔓枯、病茎折断或全株枯死。果实发病初生水浸状小圆点，逐渐变为黄褐色凹陷斑，后期病瓜组织易变糟、破碎。以上病斑后期产生黑色小粒点。

【发病规律】 该病由半知菌亚门壳二孢菌侵染所致。病菌以子囊孢子随病残体在土壤中或种子上越冬，翌年病菌通过气流、浇水传播，从气孔、水孔或伤口侵入，引起苦瓜发病。田间发病后，病部产生分生孢子进行再侵染。温室气温为18℃～20℃、空气相对湿度大于85%、土壤湿度大时易发病。连作地、种植过密、通风不良等，病害发生较重。

【防治方法】 ①选用抗病品种，如滑身苦瓜、英引苦瓜等对蔓枯病抗性较强。②种子处理。选用无病种子，播种前种子可用50%双氧水浸种3小时，然后用清水洗净后播种，或用55℃～60℃温水浸种5～10分钟。③农业防治。与非瓜类作物轮作2～3年；收获后彻底清除瓜类作物病残体；施用充分腐熟的有机肥，适时追肥，生长期加强管理，避免田间积水，温室要科学通风、降湿。④药剂防治。发病初期，可选用70%甲基硫菌灵可湿性粉剂600倍液，或75%百菌清可湿性粉剂600倍液，或25%嘧菌酯悬浮剂800倍液，或25%咪鲜胺乳油1500倍液喷雾。也可喷5%百菌清粉尘剂或5%春雷霉素·王铜粉尘剂，每667平方米喷1千克。每隔7～10天喷1次，连续喷2～3次。

(十一)苦瓜灰霉病

灰霉病是温室苦瓜的主要病害，多在冬春季发生，一般病瓜率达15%～25%，重的可达40%以上。

【危害症状】 主要危害幼瓜，也可危害叶、茎和较大的瓜。幼虫多由残花侵入，致使花瓣腐烂，并长出淡灰褐色霉层，进而向幼瓜发展，幼瓜迅速变软、萎缩、腐烂，表面密生灰色霉。较大瓜发病，病部变黄褐色并生有灰色霉层，以至腐烂或脱落。病叶一般由脱落的病花附着在叶面引起发病，形成圆形或不规则形大病斑。

病斑边缘明显，灰褐色，表面有少量浅灰色霉。烂花、烂瓜附着在茎上也能引起茎部发病而腐烂。

【发病规律】　该病由半知菌亚门灰葡萄孢菌侵染所致。病菌主要依菌丝或分生孢子及菌核在土壤中越冬，翌年在适宜条件下侵染苦瓜。冬春季在温室多种蔬菜上发病。病菌靠气流、水溅及农事操作传播蔓延。发病最适宜温度为23℃，最适宜空气相对湿度为90%以上。温室保温性能差，湿度大，通风大，植株生长弱，均发病重。

【防治方法】　①高畦栽培，最好覆地膜。②施足有机肥，适时追肥，避免偏施氮肥，增施磷、钾肥。均匀灌水，切忌大水漫灌。③种植密度不宜过大。生长中、后期适时适量摘除植株中、下部老叶，改善株间通风透光条件，抑制发病和病情发展。④及时摘除病花、病瓜、病叶。为减少病菌侵染，可摘去幼瓜上的残花。⑤收获后彻底清除田间病残体，并深翻土壤。⑥发病初期及时用药剂防治，可选用50%多菌灵可湿性粉剂500倍液，或50%甲基硫菌灵可湿性粉剂500倍液，或50%苯菌灵可湿性粉剂1 000倍液，或50%异菌脲可湿性粉剂1 500倍液，或50%腐霉利可湿性粉剂2 000倍液，或50%乙烯菌核利可湿性粉剂1 000倍液，或65%硫菌·霉威可湿性粉剂1 000倍液，或50%多霉灵可湿性粉剂800倍液，每隔7～10天喷1次，连续喷2～3次。

（十二）苦瓜细菌性角斑病

【危害症状】　主要危害苦瓜叶片，也可危害茎和果实，全生育期都可发生。如叶片发病，初生如针尖大小的水渍状斑点，扩大时受叶脉限制呈多角形灰褐斑，易穿孔或破裂。茎部发病，呈水渍状浅黄褐色条斑，后期易纵裂，湿度大时分泌出乳白色菌脓。果实发病，初呈水渍状小圆点，迅速扩展，小病斑融合成大斑；果实软化腐烂，湿度大时瓜皮破损，全瓜腐败脱落。有时病菌表面产生灰白色菌液。在干燥条件下，病部坏死下陷，病瓜畸形干腐。

【发病规律】 该病由丁香假单胞杆菌黄瓜角斑病致病变种侵染所致。病菌随病残体在土壤中或在种子上越冬。如果播带菌种子，病种萌发侵染子叶引起幼苗发病。病残体上的病原菌可借灌溉水传播，侵染瓜秧下部叶片或瓜条引起发病。发病后，病部溢出菌脓，病菌借风雨、浇水、叶面结露和叶缘吐水飞溅传播，媒体昆虫、农事操作也可传播。病菌经气孔、水孔或伤口侵入，引起反复再侵染。温室内空气相对湿度在90%以上，温度为24℃～28℃时会引发该病。重茬田，种植过密，通风不良，管理粗放会加重发病。

【防治方法】 ①种子处理。从无病田选取无病种子。对可能带菌种子可用40%福尔马林150倍液浸种1.5小时，或用农用硫酸链霉素或氯霉素500倍液浸种2小时，用清水洗净后催芽播种，也可用相当于种子重量0.4%的47%春雷·王铜可湿性粉剂拌种。②农业防治。与非瓜类作物轮作2～3年，采用高畦地膜覆盖栽培，适时通风排湿，避免大水漫灌，收获后清洁温室。③药剂防治。一是喷粉：发病初期，温室可选用5%春雷·王铜粉尘剂或5%脂铜粉尘剂喷粉，每667平方米用药1千克，每隔7～10天喷1次，连续或与其他方法交替使用2～3次。二是喷雾：发病初期，喷洒47%春雷霉素·王铜可湿性粉剂800倍液，或72%农用硫酸链霉素4000倍液，或77%氢氧化铜可湿性粉剂500倍液，或50%琥胶肥酸铜可湿性粉剂500倍液，或新植霉素可湿性粉剂4000倍液，每隔7～10天喷1次，连续喷3次。

(十三)苦瓜细菌性叶斑病

【危害症状】 该病在苦瓜全生育期均可发生，叶片、瓜条和茎蔓均受害。叶片受害初期在叶片背面产生许多油浸状小点，逐渐扩大成不规则的油浸状灰绿色至暗绿色斑，边缘不明显，进一步发展成半透明灰褐色至暗褐色坏死斑，最后使叶片坏死。茎蔓和叶柄染病，呈暗绿色油浸状，湿度大时流胶或腐烂。瓜条染病，在瓜条表面出现许多大小不等的油浸状暗绿色不规则形病斑，以后随病害发展病瓜软化腐烂。有时病瓜表面产生灰白色菌液，病部坏死下陷，最终导致病瓜畸形和干腐。

【发病规律】　病菌可随病残体在土壤中越冬。种子也可带菌。播带病种子，种子萌发时病菌侵染子叶引起幼苗发病。土壤中病残体所带病菌可借雨水或浇水冲溅传播到瓜秧下部叶片或瓜条上引起发病，发病后病部溢出菌脓，借风雨及浇水或叶面结露和叶缘吐水滴落、飞溅传播，昆虫及农事操作也能传播。病菌由气孔、水孔、皮孔等自然孔口侵入，也可由瓜条伤口侵入，反复侵染。病菌可沿导管进入种子皮层，使种子内带菌。病菌生长温度为4℃～38℃，气温为25℃～27℃繁殖速度最快。病菌扩散、传播和侵入均需90%～100%空气相对湿度和有水膜存在。种植过密、通风不良或重茬病情较重。

【防治方法】　①重病田实行非瓜类作物2年轮作，用无病土育苗。②进行种子灭菌，可用福尔马林150倍液浸种1.5小时或用1%稀硫酸溶液浸种2小时后，用清水洗净再催芽播种。也可用相当于种子重量0.4%的47%春雷霉素·王铜可湿性粉剂拌种。③加强田间水肥管理，尽量在露水干后进入温室操作。避免田间积水和漫灌。④发病初期及时用药防治。可选用47%春雷霉素·王铜可湿性粉剂800倍液，或77%氢氧化铜可湿性粉剂500倍液，或25%噻枯唑3 000倍液，或新植霉素5 000倍液喷雾。保护地每667平方米选用5%春雷·王铜粉尘剂或5%脂铜粉尘剂1千克喷粉，防治效果更好。

(十四)苦瓜细菌性缘枯病

【危害症状】　主要危害苦瓜叶片。多在叶缘处产生水浸状小斑点，逐渐扩大为淡褐色不定型病斑，或由叶缘向叶片中间扩展成

"V"形斑。病斑油浸状,周围有晕圈。果实发病,多在果尖部发生水浸状褐色病斑,湿腐,后脱水干枯,黄化凋萎。湿度大时,病部溢出少量白色菌脓。

【发病规律】 该病为边缘假单胞菌所致。病菌随病残体在土壤中越冬,种子也可带菌,借风雨、农事操作传播。病菌喜温和湿润的条件,温度 20℃,空气相对湿度 90%以上,叶面有结露或叶缘有水,是病菌活动和侵入的重要条件。因此,日光温室苦瓜发病重。

【防治方法】 同细菌性角斑病和细菌性叶斑病。

(十五)苦瓜病毒病

病毒病又叫花叶病。主要侵害植株叶片和生长点。在干旱、蚜虫多的条件下发病早。

【危害症状】 表现分为花叶型、皱缩型和混合型。花叶型最为常见,染病初期幼叶呈浓淡不均的镶嵌花斑,严重时叶片皱缩、变形,果实畸形或不结瓜。发病早的能引起全株萎蔫。

【发病条件】 病原为黄瓜花叶病毒和甜瓜花叶病毒。病毒由蚜虫、蜜蜂、蝴蝶等昆虫以及人工摘花、摘瓜、整枝、绑蔓等田间作业传播,种子也能传染。高温、强日光、干旱有利于病害发生。

【防治方法】 必须认真执行"预防为主、综合防治"的植保方针,全面搞好农业、化学等防治措施。防治方法是:①实行轮作、深翻改土,结合深翻,土壤喷施"免深耕"调理剂,增施有机肥料,磷、钾肥和微肥,适量施用氮肥,改善土壤结构,提高保肥保水性能,促进根系发达,植株健壮。②选用抗病品种,培育无菌壮苗,减少病害发生。种子用 10%磷酸三钠或 500 倍液高锰酸钾药液消毒。③搞好肥水管理,调控好植株营养生长与生殖生长的关系,促进植株长势健壮,提高营养水平,增强抗病能力。④注意观察,发现少量病株立即拔除,铲除病原。⑤化学药剂防治:注意在及时消灭蚜虫的同时喷施菌毒·吗啉胍 300～400 倍液，或吗啉胍·乙酮 250～300 倍液，每 10～15 天喷 1 次，连喷 3～5 次。也可用 83 增抗剂 100 倍液在定植前后各喷 1 次，以后继续喷洒菌毒·吗啉胍 300～400 倍液，每 10～15 天喷 1 次，连喷 3～4 次，即可有效地控制苦瓜病毒病的发生与蔓延。

（十六）苦瓜根结线虫

【危害症状】 苦瓜根结线虫危害性较大，危害轻的植株生长缓慢，重的植株明显矮小。叶片发黄，结瓜不良，植株萎蔫，最后枯死。危害根部时，多发生在侧根及须根上，形成许多小瘤状虫瘿，表面粗糙，浅黄色或深褐色，最后植株枯死。

【病原与侵染循环】 危害苦瓜的根结线虫种类较多，其中南方根结线虫占发生总量的 77%。根结线虫主要以卵或 2 龄幼虫随肿瘤、根结遗留在土壤里，或直接在土壤里越冬，一般可存活1～3 年。越冬后的 2 龄幼虫在土壤温度适宜时开始活动，直接侵入根部。线虫在寄主根结或根瘤内生长发育至 4 龄，雄虫与雌虫交尾，交尾后雌虫在根结内产卵，雄虫钻出寄主组织进入土中自然死亡。根结内的卵孵化成 2 龄幼虫，离开寄主进入土中生活一段时间重新侵入寄主，或留在土壤中越冬。土壤、病苗和灌溉水是传播的主要途径。

【防治方法】 生产上可采用四道防线法进行综合防治。具体防治措施如下。

第一道防线——培育壮苗。主要做好两方面工作：一是苗床准备。宜选择地势高，排灌良好，未种过瓜类、茄科作物（最好是种过大葱）的地块做苗床。深翻后打碎土坨，捡净残枝、烂叶和草根，烤晒 7 天，然后按每平方米施腐熟农家肥 20 千克、10%噻唑磷颗粒剂 10 克，深翻 10 厘米，将药、肥、土混匀，耙平畦面。二是药剂浸种。将种子浸泡 10 小时，再用菌线威 2 000～2 500 倍液浸种 15

分钟,而后洗净沥干,用湿布包好置于室内催芽。

第二道防线——整地。前茬收完后及时将土地深翻并烤晒至白,然后打碎土坨整地,每 667 平方米撒施鸡粪 6 000 千克,三元复合肥 50 千克,10%噻唑磷 6～7 千克,深翻 25～30 厘米,整平待用。

第三道防线——定植。定植时用 1.8%阿维菌素 2 000～2 500倍液,或菌线威 3 500～4 000 倍液,或 5%淡紫拟青霉3 000～4 000 倍液灌定植穴,每穴灌药液 100 克左右,防治苗坨中残存的根结线虫侵入土壤。

第四道防线——田间管理。开花坐瓜前应及早用杀线剂灌根 2～4 次,可基本保证整个生育期不受根结线虫侵染。灌根时可任选以下一种方法:①用 1.8%阿维菌素 1 000～1 200 倍液,每株灌药液 250 克左右,每隔 10～15 天灌 1 次,连灌 3 次。②用菌线威 3 000～3 500 倍液,每株灌药液 250 克左右,每隔 10～15 天灌药液 1 次,连灌 3 次。③用 50%辛硫磷乳油 600～800 倍液,每株灌药液约 250 克,每隔 7～10 天灌 1 次,连灌 4 次。

二、虫　害

(一)瓜实蝇

【为害特点】 成虫以产卵器刺入苦瓜表皮内产卵,幼虫孵化后即转入瓜内取食。受害瓜先局部变黄,而后全瓜腐烂变臭,大量落瓜。有的即使不腐烂,刺伤处也凝结流胶,畸形下陷,果实硬实,瓜味苦涩。

【发生规律】 成虫白天活动,夏季白天中午高温烈日时,静伏于苦瓜叶片背面。对糖、酒、醋及芳香物质有趋性。雌虫产卵于嫩瓜内,每次产几粒至 10 余粒。幼虫孵化后即在瓜内取食,将瓜蛀食成蜂窝状，以至瓜条腐烂、脱落。老熟幼虫在瓜落地前或落地后弹跳落地，钻入表土层化蛹。卵期为5～8天，幼虫期为4～15天，蛹期为7～10天，成虫寿命为25天。

【防治方法】 ①用毒饵诱杀成虫。用香蕉皮80份、90%敌百虫晶体1份、香精2份加水调制成糊状毒饵，装入容器中挂于温室棚架上，每667平方米放置20个点，每点放置25克。②用黄板诱杀。将黄色纸板或胶板涂上凡士林置于日光温室中，每667平方米约放20块，对成虫有较好的诱杀效果。③及时摘除被害瓜，喷药处理烂瓜并深埋。④在成虫盛发期，选择中午或傍晚喷洒90%敌百虫乳油800倍液，或50%敌敌畏1 000倍液，或2.5%溴氰菊酯3 000倍液。每隔3～5天喷1次，连续喷2～3次。

（二）瓜　蚜

瓜蚜即棉蚜，俗称蜜虫、油虫等，属同翅目蚜科。瓜蚜是世界性的害虫，在我国也遍布各地。

【为害症状】 瓜蚜的成虫及若虫栖息在苦瓜叶片背面和嫩梢嫩茎上吸食汁液。瓜前嫩叶及生长点被害后，植株提前枯死，大大缩短了结瓜期，减少了瓜的产量。此外，瓜蚜能传播病毒病。

【发生规律】 瓜蚜无滞育现象，因此，只要具有瓜蚜生长繁殖的条件，可周年发生。北方地区冬季瓜蚜可在日光温室的瓜类上继续繁殖，春季气温稳定在6℃以上时，越冬卵开始孵化。越冬卵孵化一般多与越冬寄主叶芽的萌芽相吻合。当气温达12℃时，在冬寄主上行孤雌胎生繁殖2～3代。4月至5月初，产生有翅胎生雌蚜，从冬寄主迁飞到瓜田和温室内繁殖为害。秋末冬初气温下降，不适于瓜蚜生活时，瓜蚜就产生有翅蚜，逐渐有规律地向冬寄主转移。瓜蚜活动繁殖的温度范围为6℃～27℃，气温为16℃～22℃时最适于繁殖。瓜蚜繁殖速度与气温关系密切，夏季4～5天1代，春秋季10余天1代，冬季温室内蔬菜上6～7天1代。由于每头雌蚜可产若蚜60～70头，且世代重叠严重，所以瓜蚜发展迅速。瓜蚜具有较强的迁飞和扩散能力。瓜蚜的扩散主要靠有翅蚜的迁飞、无翅蚜的爬行及借助于风力或人力的携带。干旱气候有利于瓜蚜发生，夏季在温度和湿度适宜时，也能大量发生。一般离瓜蚜越冬场所和越冬寄主植物近的温室受害重。有翅蚜对黄色有趋性，对银灰色有负趋性，有翅蚜迁飞还能传播病毒。瓜蚜的天敌很多。在捕食性天敌中，蜘蛛占有绝对优势，约占天敌总数的75%以上。此外，还有瓢虫、草蛉、食蚜蝇、蚜茧蜂等多种天敌。

【防治方法】 ①生物防治。选用高效低毒的农药，避免杀伤天敌。有条件的地方可人工助迁或释放瓢虫(以七星瓢虫为好)和草蛉来消灭蚜虫。②物理防治。育苗时可在小拱棚上覆盖银灰色薄膜；定植后在温室内挂银灰膜条，在温室的通风口设置纱网，减少蚜虫迁入。用30厘米×60厘米的木板或纸板，漆成黄色，外涂机油，均匀插于温室内，可诱杀有翅蚜以减轻为。③药剂防治。一是烟雾法：每667平方米用22%敌敌畏烟剂0.5千克，分放4～5堆，用暗火点燃，闭棚熏烟3～4小时。二是喷雾法：用10%吡虫啉可湿性粉剂1000倍液，或2.5%氟氯氰菊酯乳油3000倍液，或25%噻虫嗪乳剂7500～10000倍液，或2.5%联苯菊酯乳油3000倍液，或5%鱼藤精乳油500倍液喷雾。喷洒时应注意使喷嘴对准叶片背面，将药液尽可能喷到瓜蚜上。为避免瓜蚜产生抗药性，应轮换使用不同类型的农药。

(三)蓟 马

蓟马属缨翅目蓟马科，是一种杂食性害虫。

【为害特点】 成虫和若虫均以锉吸式口器为害苦瓜心叶和嫩芽，被害叶形成许多细密而长形的灰白色斑纹，使叶片失去膨压而下垂，严重时叶片扭曲、变黄枯萎。蓟马还可传播植物病毒病。

【生活习性】 以成虫、若虫在未收获的寄主叶鞘内、杂草、残株间或附近的土里越冬。翌年春成虫及若虫开始活动为害。成虫活泼善飞,可借风力传播。成虫怕光,白天多在叶片背面或叶腋处活动取食,阴天和夜里则转移到叶面上活动取食。5～6 月份是蓟马为害盛期。蓟马能孤雌生殖,整个夏季几乎全是雌虫。初孵若虫群集为害,稍大后分散。蓟马喜欢温暖和较干旱的环境条件,冬季可在日光温室中继续为害。

【防治方法】 ①农业防治。早春清除田间杂草和残株落叶、集中处理,压低越冬虫口密度。平时勤浇水、除草,可减轻为害。②药剂防治。用 0.3%苦参碱水剂 1 000 倍液,或 80%敌敌畏乳油 1 500 倍液,或 50%辛硫磷乳油 1 500 倍液,或 20%复方浏阳霉素乳油 1 000 倍液喷洒,注意喷洒心叶及叶片背面等。

提起蓟马,很多菜农都觉得难治,有的菜农甚至对其束手无策。这主要是很多菜农不了解蓟马生活习性的缘故。因而防治工作没有做到有的放矢,切中要害,具体表现在以下 3 个方面:①只重视杀虫,不重视杀卵。对于害虫的防治,不少菜农存在急功近利的做法,用药时仅注重杀虫,不注意杀卵,容易形成“摁下葫芦瓢起来”的被动局面,因而感到蓟马难治。因此,防治蓟马最好选用具有同时消灭虫、卵功效的药剂,或将杀虫与杀卵的药剂复混使用。譬如,可选用 2.5%多杀菌素 1 000 倍液+10%吡虫啉 2 000 倍液进行防治,多杀菌素对害虫具有快速的触杀和胃毒作用,对叶片有较强的渗透作用,持效期较长,且有一定的杀卵作用;吡虫啉则具有触杀、胃毒和内吸等多重作用,均可选用以消灭蓟马。②只知用药防治,不管用药时间。有的菜农防治蓟马与防治其他害虫一样,都是在上午或下午用药,这种做法不适合用来防治蓟马,因为蓟马具有趋花的习性和昼伏夜出的习性。蓟马趋花的习性,决定了防治蓟马须在花前用药效果才好;昼伏夜出的习性,决定了防治蓟马须在傍晚用药效果才好。③只喷植株,不喷地面。因为蓟马的卵、蛹及成虫隐藏性强,不仅存在于植株上,也大量存在于土壤缝隙中，因而只喷植株杀虫不彻底。为求杀虫彻底，在喷药时应加大用药量，不仅要喷植株，还要喷地面，而且要喷严喷透。

(四)白粉虱

【为害特点】 白粉虱成虫、若虫群集苦瓜叶背吸食汁液，被害叶片褪绿变黄、萎蔫，甚至全株枯死。白粉虱还分泌蜜露诱发煤霉病，还可传播病毒病。

【生活习性】 白粉虱1年发生多代，世代重叠，以各种虫态在日光温室蔬菜上越冬或继续为害。成虫具有趋黄、趋嫩、趋光性，可孤雌生殖，喜食植物幼嫩部分。若虫孵化后3天内在叶背可短距离移走，然后营固定生活。

【防治方法】 ①农业防治。根除虫源基地。冬季育苗要清除残株杂草，熏杀残余成虫，培育“无虫苗”。结合整枝打杈，摘除带虫老叶，带出田外处理。②物理防治。在白粉虱发生初期，将黄板涂上机油等黏性剂置于日光温室内与植株高度齐平处诱杀成虫。③生物防治。可利用丽蚜小蜂、草蛉等控制白粉虱危害。丽蚜小蜂的使用方法：首先将寄生卵制成放蜂卡，放蜂卡的制作应做到防雨、防晒及防止捕食性天敌的破坏，以保证释放到田间的丽蚜小蜂能够有效羽化、存活。粉虱发生初期单株虫量为0.5～1头时开始释放丽蚜小蜂，每667平方米释放5 000～10 000头，每隔7～10天释放1次，连续释放3～4次。放蜂时，将卵卡挂在每个放蜂点植株中部的主茎上。小蜂与粉虱在低数量水平上保持数量平衡后，可以停止放蜂。注意温室保温，夜间温度最好保持在15℃以上。④药剂防治。一是熏烟法。每667平方米用22%敌敌畏烟剂0.5千克点燃，于傍晚密闭保护地熏杀成虫。或每667平方米用80%敌敌畏乳油0.3～0.4千克加适量锯末点燃（无明火）熏杀。二是喷雾法。虫害发生初期及早喷洒40%阿维·敌畏1 000倍液，或2.5%联苯菊酯乳油3 000倍液，或25%噻虫嗪水分散粒剂 4 000 倍液，或 0.3%苦参碱水剂 1 500 倍液。喷药时要注意先喷叶片正面，然后再喷叶片背面。

（五）美洲斑潜蝇

美洲斑潜蝇属双翅目潜蝇科，俗称“小白龙”。

【为害特点】 幼虫以蛀食苦瓜叶片上下表皮间的叶肉细胞为主，常在叶片上形成弯弯曲曲的蛇形隧道。隧道前端较细，随着幼虫的长大，后端隧道较粗。成虫的取食和产卵孔也造成一定为害，影响光合作用和营养物质的输导，同时传播病毒病。

【发生规律】 该虫在日光温室全年均可繁殖。成虫大部分在上午羽化，成虫羽化后 24 小时即可交尾产卵。雌虫刺伤植物寄主叶片，形成刺孔，呈刻点状，雌虫通过刻点取食和产卵。幼虫取食导致大量叶片死亡。美洲斑潜蝇造成的叶片伤口中，约有 15%的活卵。雄虫不能形成刻点，但可在雌虫造成的伤口上取食。雌虫产卵于叶片表皮下或裂缝内，有时也产于叶柄。其产卵的数量随温度和寄主植物的不同而异，在 25℃下雌虫一生平均可产 164.5 粒卵。根据温度的高低，卵在 2～5 天内孵化。幼虫发育历期一般为 3～8 天，蛹历期一般为 6～10 天，完成一代约需 15 天。影响美洲斑潜蝇发生的主要因素是温度、湿度和食料。环境温度对斑潜蝇的发育速度有明显的影响。在 12℃～35℃条件下，美洲斑潜蝇能完成生活史。20℃以下发育很慢，30℃以上种群增长急剧下降。在北方日光温室中，2～3 月份能见到该虫的虫道。在自然界中，该虫的世代重叠明显，种群发生高峰期与衰退期极为突出。

【防治方法】 ①农业防治。在害虫发生初期，定期清除虫叶，杀灭幼虫。②生物防治。美洲斑潜蝇的天敌有潜蝇茧蜂、绿姬小蜂、双雕小蜂等，利用天敌可减轻虫害。③药剂防治。在幼虫化蛹高峰期后 8～10 天喷洒 48%毒死蜱乳油 1 000 倍液，或 1.8%阿维菌素乳油 1 000 倍液，或 10%烟碱乳油 1 000 倍液。

(六)茶 黄 螨

茶黄螨又名侧多食跗线螨、白蜘蛛等,属蛛形纲蜱螨目跗线螨。

【为害症状】 成螨和幼螨聚集在植株幼嫩部位特别是生长点周围,以刺吸式口器吮吸植物汁液,轻度为害时叶片展开较慢,叶缘增厚,浓绿,皱缩;严重危害时,瓜蔓顶部叶片变小变硬,叶片背面呈黄褐色至灰褐色,有油质光泽,叶缘向下翻卷,最后生长点呈暗褐色枯死,不发新叶,植株停止生长。幼茎受害后变为黄褐色,植株扭曲变形。由于此虫个体小,肉眼难以观察识别,植株上发生此虫后,有的菜农常误认为发生生理病害或病毒病害。

【发生规律】 茶黄螨以雄成螨在避风的寄主植物的卷叶中、芽心及芽鳞内和叶柄的缝隙中越冬。北方地区日光温室内 5 月下旬开始发生,6 月下旬至 9 月中旬为盛发期。冬季主要在日光温室的越冬瓜苗上继续繁殖和越冬。为害盛期为 7～9 月,10 月以后气温逐渐下降,虫口数量逐渐减少。茶黄螨以两性生殖为主,也进行孤雌生殖。卵多散产于叶背、幼果凹处或幼芽上。产卵 4～9 粒,产卵历期 3～5 天,平均每头雌螨产卵 17 粒,多的可达 56 粒。该螨在夏季发育较快,卵经 2～3 天孵化,幼螨期只有 1～2 天,若螨期只有半天到 1 天,完成一个世代通常仅需 5～7 天。该虫传播蔓延除靠本身爬行外,还可借助于风力及人为携带作远距离传播。发育的适宜温度为 25℃～30℃,温度超过 35℃对其有抑制作用。湿度影响螨卵的孵化,其卵的孵化要求空气相对湿度在 80%以上。同时,高湿对幼螨和若螨的生存皆有利。

【防治方法】 ①清洁温室。及时铲除田间、地头杂草,在前茬瓜类和茄果类收获后及时清除枯枝落叶,集中烧毁或深埋,以减少越冬虫源。②人为调控温室内的温度控制螨虫繁衍。一般来说,白天温度在 31℃～32℃,保持 2 小时,夜间温度保持在 11℃～

13℃,即可抑制螨虫的繁衍。③药剂防治。药剂防治的关键是及早发现及早防治。一是烟雾法:每立方米用20%敌敌畏塑料块缓释剂7～10克熏蒸。二是喷雾法:可用73%炔螨特乳油1 200倍液或5%噻螨酮乳油2 000倍液喷雾,重点喷植株上部嫩叶背面、嫩茎和幼果。

(七)红 蜘 蛛

红蜘蛛又名苦瓜朱砂叶螨。

【为害症状】 红蜘蛛以成、若螨在苦瓜的叶背吸取汁液,使叶面水分蒸腾增强,叶绿素变色,光合作用受到抑制,从而使叶片变红、干枯、脱落甚至整株枯死,降低产量和影响品质。

【发生规律】 早春温度上升至10℃时,朱砂叶螨开始大量繁殖。成、若螨靠爬行及农事作业进行迁移扩散。红蜘蛛以两性生殖为主,也可行孤雌生殖。卵散产,多产于叶背,1头雌螨可产卵50～100粒。不同温度下,各螨态的发育历期差异较大。在最适温度下,完成一代一般只需7～9天。高温低湿有利于繁殖,温度在25℃～28℃,空气相对湿度在30%～40%,产卵量、存活率最高。温度在20℃以下,空气相对湿度在80%以上,不利于其繁殖。温度超过34℃,停止繁殖。早春温度回升快,红蜘蛛活动早,繁殖快,苦瓜受害也较重。日光温室栽培苦瓜由于温度高,红蜘蛛发生早,为害重。

【防治方法】 ①农业防治。清除温室四周杂草,前茬收获后,及时清除残株败叶,用以沤肥或销毁。避免过于干旱,适时适量灌水,注意氮、磷、钾肥的配合施用。②生物防治。红蜘蛛天敌很多,有应用价值的种类有瓢虫、草蛉、食螨瘿蚊等。有条件的地方可以引进释放或田间保护利用。③药剂防治。在点片发生阶段及时进行挑治,以免暴发危害。近几年,由于连年使用有机磷农药,叶螨已产生了抗性,所以要经常轮换化学农药,或使用复配增效药剂和一些新型的特效药剂。可用20%复方浏阳霉素乳油1 000～1 200倍液，或73%炔螨特1 000倍液，或5%噻螨酮乳油3 000倍液，或1.8%阿维菌素可湿性粉剂1 000倍液喷雾。

(八)黄守瓜

在瓜类蔬菜上常见的守瓜类害虫有黄足黄守瓜、黄足黑守瓜、黑足黄守瓜、黑足黑守瓜4种，均属鞘翅目，叶甲科。其中日光温室栽培中最主要的守瓜类害虫是黄足黄守瓜，又名黄虫、瓜守、黄守瓜等。

【为害症状】 成虫取食苦瓜苗的叶和嫩茎。把叶片食成环形或半环形缺刻，咬食嫩茎造成死苗，还为害花及幼瓜。虫在土中咬食根茎和瓜根，常使瓜秧萎蔫死亡。也可蛀食贴地面生长的苦瓜。对此虫防治不及时，往往造成较大幅度减产和降低苦瓜品质。

【发生规律】 在北方日光温室等保护地瓜菜与露地瓜菜栽培茬相衔接或交替、全年栽培瓜类蔬菜的地区，黄守瓜从温室保护地转移到露地，或从露地转入温室，可1年发生2～3代。在露地1年1代区越冬成虫于5～8月份产卵，6～8月份为幼虫为害期，以7月份为害最甚，8月份成虫羽化后咬食为害秋季瓜菜，10～11月份逐渐进入越冬场所。在日光温室内，成虫多于2～6月份产卵，3～6月份为幼虫为害期，以5月份冬春茬瓜类作物结瓜盛期为害最甚，6月下旬至7月上旬羽化为成虫；第二代幼虫为害期在7～11月份，主要为害秋冬茬和越冬茬瓜类蔬菜秧苗和伏茬的瓜果，11月份后又以成虫寄生于温室内，冬季咬食瓜叶。黄足黄守瓜成虫喜在温暖的晴天活动，在早晨露水干后取食。成虫的飞翔力较强，稍受惊扰即坠落，一段时间后再展翅飞翔。成虫具有假死性。越冬成虫寿命很长，在北方可达1年左右。成虫对黄色有趋性且喜欢取食瓜类的嫩叶，常常咬断瓜苗的嫩茎，因此瓜苗在5～6片真叶以前受害最严重。在开花前主要取食瓜叶，成虫常以自己的身体为半径旋转咬食一圈，使叶片呈干枯的环形，或半圆形食痕及其圆形孔洞，这是黄守瓜为害的典型特性。开花后，还可食害瓜花和幼瓜。雌虫一生可产卵1 500～2 000粒。卵多产在寄主根部附近土表的凹陷处，成堆或散产。幼虫蛀食苦瓜主根后，叶子瘪缩，蛀入茎基则地面瓜藤枯萎，甚至全株死亡。幼虫可转株为害。高龄幼虫还可蛀食地面的瓜果。

【防治方法】 ①阻隔成虫产卵。采用全田地膜覆盖栽培，在瓜苗茎基周围地面撒布草木灰、麦芒、麦秸、木屑等，以阻止成虫在瓜苗根部产卵。②适当间作套种。实行瓜类蔬菜与十字花科蔬菜及莴苣、芹菜等蔬菜套种间作，瓜苗期适当种植一些高秆作物。③药剂防治。瓜类蔬菜对不少药剂比较敏感，易产生药害，尤其苗期抗药力弱，要注意选用适当的药剂，严格掌握施药浓度。防治成虫可用90%敌百虫晶体1 000倍液，或80%敌敌畏乳油1 000倍液，或50%辛硫磷乳油1 000倍液，或2.5%溴氰菊酯乳油3 000倍液，或10%氯氰菊酯乳油3 000倍液喷雾；防治幼虫可用50%辛硫磷乳油1 000倍液，或90%敌百虫晶体1 000倍液，或5%鱼藤精乳油500倍液，或烟草浸出液30～40倍液灌根，可杀死土中幼虫。

(九)瓜绢螟

瓜绢螟属鳞翅目螟蛾科，俗称瓜螟，是近年来瓜类作物上常见的害虫之一。

【为害特点】 以幼虫为害瓜类作物的嫩头和幼瓜，也可为害叶片，发生严重时可吃光叶片，仅剩叶脉。

【生活习性】 瓜绢螟一般1年发生4～5代，以8～9月份为害最重。成虫昼伏夜出，卵散于叶背，或20粒左右聚集在一起，卵期4～6天，幼虫期10～12天，初孵幼虫多集中在叶背取食叶肉。3龄后吐丝缀合叶片或侵入嫩头为害。严重发生时，常为害幼瓜、花或潜入瓜藤。

【防治方法】 ①农业防治。清洁温室，瓜田收获后将枯藤落叶收集集中处理，以压低虫口基数。在幼虫发生期，人工摘除卷叶，捏杀幼虫。②药剂防治。应掌握在卵孵盛期施药，并注意将药液喷洒到叶背或嫩头上。可用1.8%阿维菌素乳油3000倍液，或40%阿维·敌畏乳油800倍液，或50%辛硫磷乳油1000倍液喷洒防治。

(十)斜纹夜蛾

【为害特点】 以幼虫咬食叶、花、果实，大发生时它能将全田苦瓜植株吃成光秆以至无收。

【生活习性】 各地均以7～10月为害最重。通常每头雌蛾可产卵400粒左右，最多可达2000～3000粒。幼龄幼虫群集在卵块附近为害成筛网状，3龄以后分散为害，有假死性，并对阳光敏感，晴天躲在阴暗处或土缝里，夜晚、早晨出来为害。老熟幼虫入土化蛹。

【防治方法】 在各代盛卵期，发现卵块和新筛网状被害叶，随手摘杀并集中喷药围歼。掌握幼虫低龄时期，每667平方米用90%敌百虫50克，或80%敌敌畏40克，或15%茚虫威悬浮剂10克，加水60升喷雾，特别是在黄昏或清晨用药效果更好。可利用蜘蛛、大蟾蜍或赤眼蜂等自然天敌控制该虫为害。

(十一)蛴　螬

蛴螬属鞘翅目金龟甲科金龟子幼虫。一般发生为害的以铜绿金龟子为主。

【为害特点】 成幼虫均可为害。成虫取食苦瓜叶片，有时花及果实也能受害。幼虫食性杂，主要为害地下根系及根茎部，造成缺苗断垄。植株有伤口时有利于病菌侵入诱发病害。

【生活习性】 一般1年发生1代，以幼虫在土中越冬。成虫于5月中下旬至9月上旬发生,6～7月份是其发生盛期。蛴螬具有昼伏夜出习性、假死性和趋光性,对未腐熟的厩肥有强烈趋性。幼虫具有喜湿性。成虫有多次交尾、分批产卵的习性,每雌可产卵近百粒,初孵幼虫先取食土壤中的有机质,后取食幼根。3龄后进入暴食期,往往把根茎咬断吃光后再转移为害,春秋季为害重,且多发生在土壤疏松、厩肥多的地块。

【防治方法】 ①农业防治。施用充分腐熟的有机肥料。适时秋耕,可将部分幼虫翻至地表,人工捡拾或使其风干、冻死或被天敌捕食。也可用灯光诱杀成虫。②药剂防治。一是灌根。可用50%辛硫磷乳油或90%敌百虫晶体1000倍液灌根,每株灌药液200毫升。二是毒土。每667平方米用敌百虫晶体100～150克,对少量水稀释后拌细土15～20千克,均匀撒在播种沟(穴)内,再覆盖一层细土后播种。或每667平方米用50%辛硫磷乳油1千克,开沟施入根际附近,并及时培土。三是拌种。按50%辛硫磷乳剂、水、种子的比例为1∶50∶600拌后闷种3～4小时,其间翻动1～2次,种子干后即可播种。四是喷雾。在成虫盛发期,喷洒90%敌百虫晶体1000倍液或2.5%敌杀死乳油3000倍液等。

(十二)地老虎

地老虎是苗期经常发生的地下害虫,包括小地老虎、大地老虎和黄地老虎三种,均属鳞翅目夜蛾科。一般以小地老虎发生为主,其幼虫俗称"土蚕"。

【为害特点】 以幼虫为害苦瓜幼苗根茎部。3龄前幼虫在幼苗叶片和顶心嫩叶处昼夜取食,形成孔洞或缺刻。3龄后幼虫咬断幼苗近地面嫩茎,并可转株为害,造成缺苗断垄。

【生活习性】 成虫早春开始发生,3月中下旬为发蛾高峰。第一代幼虫为害盛期一般在4月中下旬。1年发生4～5代,常形成春、秋两次为害高峰。成虫昼伏夜出,对糖醋液及黑光灯趋性强。卵多产在近地面的植物叶背嫩茎、土块及杂草上，卵期4～11天。幼虫共6龄，3龄前昼夜为害，3龄后昼伏夜出。幼虫有假死性和互残性，老熟后入土化蛹。

【防治方法】 ①农业防治。早春铲除温室内及其周围杂草，春耕细耙，杀死部分卵及幼虫。诱杀成虫。春季用糖醋液诱杀越冬代成虫减轻幼虫为害。②诱捕幼虫。用新鲜的泡桐叶或莴苣叶等堆草诱杀，每667平方米放50～60片，翌日清晨捕捉叶下幼虫。③人工挑治。清晨扒开断苗附近的表土，可捉到潜伏的高龄幼虫。连续捕捉数日，灭虫效果较好。④药剂防治。一是毒饵诱杀。取90%敌百虫晶体0.5千克对水2.5～5升，喷拌切碎的鲜草或豆饼粉30千克，于傍晚撒在植株行间苗根附近，隔一段距离撒一堆，每667平方米用鲜草毒饵15千克左右。二是喷雾。对低龄幼虫可喷洒48%毒死蜱乳油1 000倍液，或50%辛硫磷乳剂800倍液或其他菊酯类农药。三是灌根。对高龄幼虫可用48%毒死蜱乳油1 500倍液或50%辛硫磷乳油1 000～1 500倍液灌根。

(十三)蝼　蛄

【为害特点】 以成虫、若虫在地下咬食播下的种子或幼芽，或咬死幼苗。受害根部呈乱麻状。蝼蛄在土表下潜行时，将土层钻成许多隆起的隧道，使作物根土分离，导致幼苗失水干枯而死，造成缺苗断垄。

【生活习性】 在保护地和露地苦瓜田里均有蝼蛄出没。成虫、若虫均在土中越冬。3年发生一代。每年3～4月份开始活动，5～6月份当平均气温和20厘米深处地温为15℃～20℃时进入危害盛期，6～7月份是蝼蛄产卵盛期，7～8月份天气炎热时该虫潜入土中越夏。9月份天气凉快时再次为害。蝼蛄喜欢在夜间活动。成虫有趋光性和喜湿性。该虫特别对马粪、厩肥以及香、甜物质有强烈趋性。

【防治方法】 ①毒饵诱杀。将豆饼、麦麸、棉籽饼炒香，每1千克加90%敌百虫粉剂30克和少量水拌至潮湿即成毒饵，每667平方米用毒饵2千克左右撒在苗床或地里诱杀成虫。②夜晚用黑光灯或电灯诱杀成虫。③药剂防治。可用5%辛硫磷颗粒剂1千克掺土20千克，混匀后撒入田地中。也可用50%辛硫磷乳油1 000倍液或80%敌百虫可湿性粉剂800倍液灌根，每株灌150～250克。

三、生理病害

(一)苦瓜表面无疙瘩

【表现症状】 瓜条刺瘤变小、变少，有的瓜条表面有“蚂蚱纹”或裂纹，严重时瓜条变得光滑无棱。

【发生原因】 ①药害所致。花芽分化期用药不当，如杀菌剂浓度过大，使苦瓜的生理发生了变化。有些菜农乱用蘸花药，将强力坐果灵与其他几种农药混用，导致原本有棱瘤的苦瓜变得棱少、棱小甚至无棱，裂瓜现象也随之增多。还有的菜农使用萘乙酸浓度过大，出现棱少棱小现象。②苗期遇高温，再加上昼夜温差小，导致花芽分化不良，植株生长过旺，营养向瓜条输送少，也会造成棱稀少无棱的现象。③肥料中激素含量过高。冬春季节，为了养根护根，多采用水冲肥作追肥，多数水冲肥中含有增根的激素，使用过多，也会导致苦瓜果实无棱瘤。④苦瓜同黄瓜一样喜高温的环境条件，在30℃以上35℃以下时能正常开花结瓜。如果秋冬茬苦瓜定植早，温度高，有些菜农为了控制水分防止徒长，致使苦瓜毛细根受到伤害。进入冬季以后，温度降低，原本就生长不良的毛细根又受低温影响，生根困难，根系不下扎。春节过后气温开始回升，受伤的根系再也不下扎，只是生长在土壤表面，根系少，生长不良，吸收营养的能力弱，地下营养供应不上，根系干瘪，直接影响了苦瓜顶部叶片的生长，使顶叶发黄；也影响瓜条的生长，使苦瓜变得光滑无棱。

【防治措施】 ①苦瓜花芽分化期应合理调控温度，保证一定的昼夜温差，要求白天气温为25℃左右，夜晚为15℃～20℃。②正确使用强力坐果灵等保果类激素。③如果植株根系生长不良，可灌甲壳素类产品如甲壳丰2～3次，千万不能灌激素类生根剂。④病害严重时，选留离根部较近的侧蔓结瓜作为主蔓，将原来的主蔓剪掉，培养新的主蔓。同时加强肥水管理，用杀菌剂防治白粉病、灰霉病等病害，千万注意喷药浓度不可过高。

(二)苦瓜旺棵不坐瓜

【表现症状】 植株长势过旺，叶片厚而大，茎秆粗壮，拔节长，基本上不开花不坐瓜，将严重降低苦瓜的坐瓜率，影响苦瓜的产量。

【病症分析】 苦瓜旺棵坐不住瓜是营养失调的表现，这是由于苦瓜的养分主要用于苦瓜植株的生长，而对苦瓜果实的生长则供应不足，即营养生长过盛，生殖生长不足，因此出现旺棵坐不住瓜的情况。还表现在苦瓜瓜条商品性较差，弯瓜、尖嘴瓜等较多，这是由于营养生长过盛造成瓜条的养分不足。此外，瓜条出现化瓜、焦花纽子的情况也与苦瓜的营养生长与生殖生长不协调有关。

出现苦瓜旺棵的原因主要是夜温过高，施用化学肥料过多等。

【解决办法】 ①控制夜温。下午要晚一点关闭通风口，早上要及时通风，调整好苦瓜温室内合适的温度，一般苦瓜正常生长适宜的上半夜夜温为16℃～18℃，下半夜为15℃～12℃。要注意早上温室内的温度不要超过15℃，也不要低于10℃，这样可避免出现苦瓜旺棵的情况。②喷洒营养液调控植株长势。叶面可喷洒甲壳素等以调节苦瓜的长势，使苦瓜的养分供应合理，由主要供应植株生长适当转为供应果实的生长，这样可促进苦瓜多坐瓜。③在苦瓜长到 3～9 片真叶时，叶面喷洒助壮素或矮壮素或增瓜灵等，避免苦瓜出现过旺生长的情况，但在喷洒生长调节剂时要注意做好试验，避免因用药量过大而造成药害，最好在晴天的下午进行喷洒。④少施氮肥。不可过量地施用氮肥，如磷酸二铵或高氮复合肥等，可多施用生物肥，并适当增施钾肥，以利于调整苦瓜的长势，促进苦瓜多坐瓜。

（三）苦瓜裂果

【表现症状】　苦瓜开花后 2 周至苦瓜收获前，经常可见苦瓜裂开，种子暴露或脱落。

【发生原因】　一是苦瓜成熟后易开裂；二是夏季突然遇有风雨袭击；三是染有蔓枯病的果实遇有上述情况易开裂。

【防治方法】　苦瓜采收期长，一般开花后 14～16 天即成熟，采收宜在太阳出来前用剪刀从基部剪下。中午或下午采收的苦瓜易变黄不耐贮运，影响商品价值。

夏季要掌握在风雨来临前及时采收，减少裂果。苦瓜染蔓枯病以后果实易开裂，生产上要及时防治蔓枯病，具体方法参见苦瓜蔓枯病。

（四）苦瓜化瓜

【表现症状】　苦瓜幼瓜有时会自行萎蔫，这种现象称为化瓜。

【发生原因】　一是气候不良，如花期遇连续阴雨天气，授粉受精不良，或温度过低、过高阻碍果实发育，日光温室内阳光严重不足。二是浇水施肥不当。苦瓜光合作用离不开水，同化物质的运转也是以水为介质进行的。如果水肥供应不足，光合产物减少，可能引起化瓜。若施肥不科学，氮过多，会造成营养生长过旺而消耗大量养分，引起化瓜。结果初期，温室内高温干旱，尤其是土壤干旱时，由于肥料过多而水分不足引起伤根；或浇水过多，土壤湿度大，但地温和气温偏低而发生沤根，或根吸收能力减弱，都会出现化瓜。三是二氧化碳不足。温室内夜间二氧化碳的浓度可高达500毫升/米³，而日出两小时后，植株吸收二氧化碳，使温室内夜间二氧化碳浓度降到100毫升/米³，这样会影响苦瓜植株制造养分，因营养不足而引起化瓜。四是病害或机械损伤引起化瓜。

【防止措施】 培育壮苗；加强土、肥、水管理，促进发根；进行人工辅助授粉，提高坐果率；冬春季节注意增施二氧化碳气肥；加强温室内通风换气，以减少病害发生。

（五）苦瓜氨气中毒

【危害症状】 苦瓜花、幼叶、幼果等幼嫩组织先发生褐变，后变为白色，严重时萎蔫死亡。

【发生原因】 温室内的氨气主要来自未经腐熟的鸡粪、猪粪、马粪和饼肥等有机肥料，肥料在高温下发酵时也会产生大量氨气，氨气越积越多；其次是大量施用碳酸氢铵和撒施尿素产生的氨气。当温室内的氨气浓度达到5～10毫升/米³时，作物就会中毒。

生产中氨气中毒易与高温热害相混淆，区别的方法是用pH试纸检测温室内的酸碱度，即在早上日出通风前，用试纸浸蘸温室内膜上的水滴，如呈蓝色的碱性反应，即为氨气中毒；如呈中性或红色的酸性反应，则为高温热害。

【解决方法】 一是施用腐熟人畜粪尿，不施未腐熟的生肥。二是不施或少施碳酸氢铵；尿素用沟施或穴施，不用撒施，施后盖土埋严。三是在保证正常温度的情况下，开窗或卷起膜脚，进行通风换气，以排除过多的氨气。四是可在植株叶片背面喷施1%食用醋液，可以减轻和缓解危害。

(六)苦瓜亚硝酸气中毒

【危害症状】　亚硝酸气体通过叶片气孔侵入叶肉组织，使叶绿体结构被破坏、褪色出现灰白斑。亚硝酸气浓度过高时，叶脉也变成白色，严重时导致植株死亡。

【发生原因】　日光温室内的亚硝酸气体主要来自施氮过多的氮素化肥。土壤中特别是沙土和砂壤土，如连续施入大量氮肥，土壤中的铵向亚硝酸转化虽能正常进行，但亚硝酸向硝酸转化则会受阻，则使土壤中积累起大量的亚硝酸，当温度升高时就变成气体散发在温室内，当亚硝酸气浓度超过 2～3 毫升/米^3 时，植物就会中毒。中毒多发生在施肥后的一个月。其检测方法是用 pH 试纸浸蘸温室内膜上的水滴，若呈红色的酸性反应，则为亚硝酸积累过多引起的中毒。

【解决方法】　合理施肥，尤其是施氮肥时要“少量多次”，分次适量施入，并实行沟施或穴施，施后与土壤拌匀、用土盖严，切忌重施、多施和撒施，同时做好通风换气。如温室内亚硝酸气体过浓或土壤偏酸时，可在土壤中增施石灰，把 pH 值调节至 6.5～7 可有效地防止亚硝酸气害。

(七)苦瓜肥害

【表现症状】　叶脉间出现不规则的黄白色至黄褐色斑块，叶片皱缩。

【发病原因】　一次施入化肥过多，春季低温干燥天气会加重病情。

【防治方法】　①施肥要掌握少量多次的原则，施肥要均匀。②注意提高温度，保持土壤湿度，提高根系的吸收能力和对肥料的忍耐力。③发现症状后应及时浇水，缓解肥害。

(八)苦瓜缺氮症

【表现症状】 植株生长缓慢并矮化,叶呈黄绿色,严重时叶呈浅黄色,全株变黄甚至白化,茎叶变硬纤维多,果蒂浅黄色。

【发病原因】 ①土壤本身含氮量低。②种植前施大量未腐熟的作物秸秆或有机肥,碳素多,其分解时夺取土壤中的氮。③产量高,收获量大,从土壤中吸收的氮多而追肥不及时。

【诊断要点】 ①观察从上部叶还是从下部叶开始黄化,如从下部叶开始黄化则为缺氮。②注意观察茎的粗细,一般缺氮茎细。③定植前施用未腐熟的作物秸秆或有机肥,短时间内会引起缺氮。④下部叶叶缘急剧黄化则为缺钾,叶缘部分残留有绿色则为缺镁,叶螨为害呈斑点状失绿。

【防治方法】 ①施用新鲜的有机物作基肥时,要增施氮素。②施用完全腐熟的堆肥。③应急措施是叶面喷施 0.2%~0.5%尿素液。

(九)苦瓜缺磷症

【表现症状】 植株矮化,叶小,叶深绿色,叶片僵硬,叶脉呈紫色。尤其是底部老叶表现更明显,叶片皱缩并出现大块水渍状斑,并变为褐色干枯。

【发病原因】 ①堆肥施用量小,磷肥用量少,易发生缺磷症。②地温常常影响苦瓜对磷的吸收。温度低,对磷的吸收就少,日光温室等保护地冬春或早春易发生缺磷。

【诊断要点】 注意症状出现的时期,如果是温度低,即使土壤中磷素充足,也难以吸收充足的磷素,易出现缺磷症。生育初期缺磷,叶色为浓绿色,后期出现褐斑。

【防治对策】 ①苦瓜是对磷不足敏感的作物,土壤缺磷时,除了施用磷肥外,预先要培肥土壤。②苦瓜苗期特别需要磷,注意增施磷肥。③施用足够的堆肥等有机质肥料。

(十)苦瓜缺钾症

【主要症状】 植株矮化，节间变短，叶片小，呈青铜色并逐渐呈黄绿色，主脉下陷，叶缘干枯。失绿症先从下部老叶出现，逐渐向上部新叶发展。

【发生原因】 ①土壤中含钾量低，施用堆肥等有机质肥料和钾肥少，易出现缺钾症；②地温低、日照不足、过湿、施铵态氮肥过多等阻碍对钾的吸收。

【诊断要点】 ①注意叶片发生症状的位置，如果是下部叶和中部叶出现症状可能缺钾。②生育初期温度低，覆盖栽培时由于气体障害有类似的症状，要注意区别。③同样的症状出现在上部叶，则可能是缺钙。④是否畸形果(弯曲果)多，如果畸形果多，则为缺钾。

【防治措施】 ①施用足够的钾肥，特别是在生育的中、后期不能缺钾。②施用充足的堆肥等有机质肥料。③如果钾不足，每667平方米可用硫酸钾15～20千克作一次追施。④应急措施是叶面喷施0.2%～0.3%磷酸二氢钾溶液或1%草木灰浸出液。

(十一)苦瓜缺钙症

【主要症状】 ①上部叶形状稍小，向内侧或向外侧卷曲。②长时间连续低温、日照不足，骤晴，高温，生长点附近的叶片叶缘卷曲枯死，呈降落伞状。③上部叶的叶脉间黄化，叶片变小。在叶片出现症状的同时，根部枯死。

【发生原因】 ①氮多、钾多、土壤干燥都会阻碍对钙的吸收。②空气相对湿度小，蒸发快，补水不足时，易产生缺钙。③土壤本身缺钙。

【诊断要点】 ①仔细观察生长点附近的叶片黄化状况，如果叶脉不黄化,呈花叶状,则可能是病毒病。②生长点附近萎缩,可能是缺硼。但缺硼突然出现萎缩症状的情况少,而且缺硼果实会出现细腰状,叶片扭曲,根据这一点可以区分是缺钙还是缺硼。

【防治对策】 ①土壤钙不足,可施用含钙物料。②避免一次性施用大量钾肥和氮肥。③要适时浇水,保证水分充足。④应急措施是用0.3%氯化钙水溶液喷洒叶面。

(十二)苦瓜缺镁症

【主要症状】 苦瓜在生长发育过程中,生育期提前;果实开始膨大并进入盛期的时候,下部叶叶脉间的绿色渐渐地变黄,进一步发展,除了叶脉、叶缘残留一点绿色外,叶脉间全部黄白化。老叶先发生,逐渐向幼叶发展,最后全株黄化。

【发生原因】 ①在低温条件下,镁在苦瓜植株体内的移动速率降低,出现缺镁症。②土壤中磷、钾过多,阻碍了苦瓜对镁的吸收,尤其是日光温室栽培的反应更明显。③土壤中铵态氮过剩时,可使苦瓜缺镁症加重。

【诊断要点】 ①生育初期至结瓜前,若发生缺绿症,则缺镁的可能性不大,可能是与在保护地里由于覆盖,受到气体的障害有关。②缺镁的叶片不卷缩,如果叶片硬化、卷缩应考虑其他原因。③仔细观察发生缺绿症叶片的背面是否有螨害、病害。④缺镁症状与缺钾症状相似,其区别在于缺镁是从叶内侧失绿,缺钾是从叶缘开始失绿。

【防治措施】 ①如土壤缺镁,栽培前要施用足够的镁肥,镁肥施用可以与施用石灰结合起来。②避免一次施用过量的、阻碍对镁吸收的钾、氮等肥料。③应急措施是一旦发现叶片出现缺镁症,可用1%～1.5%硫酸镁或硝酸镁水溶液喷洒叶面。

（十三）苦瓜缺硫症

【主要症状】　整株植物生长无异常，但中、上部叶的叶色淡、黄化。但发生缺硫症的植株，其下部叶往往是健康的。

【发生原因】　①在硫铵、硫酸钾、过磷酸钙等肥料中，含硫较多，由于栽培中普遍施用这些肥料，所以很少出现缺硫症状。②若长期施用无硫酸根的肥料，有缺硫的可能性。

【诊断要点】　①黄化叶与缺氮症状相类似，但发生症状的部位不同，上部叶黄化为缺硫，下部叶黄化为缺氮。②上部叶黄化症状与缺铁相似，缺铁叶脉有明显的绿色，叶脉间逐渐黄化，缺硫则叶脉失绿。③叶片不出现卷缩、叶缘枯死、矮小等现象。④叶全部黄化，但黄化呈花叶状时，可能是病毒引起，须仔细辨别。

【防治措施】　施用含硫的肥料，如硫铵、过磷酸钙、硫酸钾、硫酸钾型复合肥等。

（十四）苦瓜缺锌症

【主要症状】　缺锌时，赤霉素含量降低，生长受到抑制；茎节短，叶较硬，新生叶较小，叶缘下垂，严重时出现簇叶生长点，症状像病毒病。叶脉间失绿，呈淡金黄色。

【发生原因】　①光照过强，易发生缺锌。②若吸收磷过多，苦瓜植株即使吸收了锌，也表现缺锌症状。③土壤碱性高，即使土壤中有足够的锌，但其不溶解，也不能被苦瓜所吸收利用。

【诊断要点】　①缺锌症与缺钾症类似，叶片黄化。缺钾是叶缘先呈黄化，渐渐向内发展；而缺锌则全叶黄化，渐渐向叶缘发展。二者的区别是黄化的先后顺序不同。②缺锌症状严重时，生长点附近节间短缩。

【防治措施】　①做到平衡施肥，不要过量施用磷肥，多施有机肥料。②土壤缺锌时，每667平方米可以施用硫酸锌1.5千克。③应急措施是用0.1%～0.2%硫酸锌水溶液喷洒叶面。

(十五)苦瓜缺硼症

【主要症状】 硼参与碳水化合物的分配和运转,苦瓜缺硼叶片肥厚、起疙瘩,由叶脉黄化向叶肉扩大,叶片外卷、畸形,叶缘不规则褪绿呈细线状,严重时生长点叶萎缩、枯干,果实木质化,内有空洞。

【发生原因】 ①在酸性的砂壤土上,一次施用过量的碱性肥料,易发生缺硼症状。②土壤干燥影响对硼的吸收,易发生缺硼。③土壤有机肥施用量少,在土壤碱性高的日光温室土壤也易发生缺硼。④施用过多的钾肥会影响对硼的吸收,易发生缺硼。

【诊断要点】 ①根据发生症状的叶片的部位来判断,缺硼症状多发生在上部叶。②叶脉间不出现黄化。③植株生长点附近的叶片萎缩、枯死,其症状与缺钙相类似。但缺钙叶脉间黄化,而缺硼叶脉间不黄化。

【防治措施】 ①每667平方米施用硼砂1～1.5千克,喷施时一般用0.1%～0.2%硼砂或硼酸溶液。②增施有机肥料,防止施氮过量。有机肥料全硼含量为20～30毫克/千克,施入土壤后能提高土壤供硼水平。要控制氮肥用量,以免抑制硼的吸收。③土壤过于干燥时要及时灌水,保持湿润,以增加对硼的吸收。

(十六)苦瓜缺铁症

【主要症状】 苦瓜上部叶片除叶脉外全部变黄,严重时白化,叶芽生长停止,叶缘坏死,完全失绿。

【发生原因】 磷肥施用过量,呈碱性土壤,土壤中铜、锰过量,土壤过干或过湿,温度低,易发生缺铁。

【诊断要点】 ①缺铁的症状是出现叶片黄化,叶缘正常,不停止生长发育。②调查土壤酸碱性。出现上述症状的植株根际土壤呈碱性，有可能是缺铁。③在干燥或多湿等条件下，根的功能下降，吸收铁的能力下降，就会出现缺铁症状。④判断植株叶片是出现斑点状黄化还是全叶黄化，如果全叶黄化则为缺铁症，如果是斑点状黄化或叶缘黄化，则可能是由其他生理病害所致。

【防治措施】 ①尽量少用碱性肥料，防止土壤呈碱性，土壤 pH 值应为 6～6.5。②注意土壤水分管理，防止土壤过干、过湿。③缺铁土壤每 667 平方米施用 2～3 千克硫酸亚铁作基肥。④应急对策是用 0.1%～0.5%硫酸亚铁水溶液或柠檬酸铁 100 毫克/千克水溶液喷洒叶面。

(十七)苦瓜缺锰症

【主要症状】 苦瓜叶片变为黄绿色，生长受阻。小叶叶缘和叶脉间变为浅绿色后逐渐发展为黄绿色或黄色斑驳，而细叶脉网仍保持绿色，呈黄地绿网。

【发生原因】 碱性土壤容易缺锰，检测土壤 pH 值，如出现症状的植株根际土壤呈碱性，则可能是缺锰。土壤有机质含量低；土壤盐类浓度过高：肥料如一次施用过量时，土壤盐类浓度过高时，将影响对锰的吸收。

【诊断要点】 ①根据发生症状的叶片的部位确定，缺锰时症状首先发生在幼叶上。②看顶芽是否已枯死，若已枯死，则可能缺钙或硼。③看幼叶是否萎蔫，若萎蔫，可能缺铜。④幼叶不萎蔫，脉间失绿，但叶脉仍绿，出现细小棕色斑点，则为缺锰。

【防治方法】 增施有机肥；科学施用化肥，宜注意全面混合或分施，勿使肥料在土壤中呈高浓度。应急措施是施用 0.2%硫酸锰水溶液。

(十八)苦瓜缺铜症

【主要症状】 苦瓜植株生长缓慢，叶片很小，幼叶易萎蔫；老叶出现白色花斑状失绿，逐渐变黄；果实发育不正常，黄绿色的果皮上散有小的凹陷色斑。

【发生原因】 碱性土壤易缺铜。

【诊断要点】 ①根据发生症状的叶片的部位判断，缺铜是症状多发生在上位(幼)叶。②检测土壤 pH 值。如出现上述症状的植株根际土壤呈酸性，则可能是缺铜。③是否出现“幼叶萎蔫”现象，若萎蔫则缺铜，否则应考虑其他原因。

【防治方法】 增施酸性肥料。应急措施是用 0.3%硫酸铜水溶液作叶面喷雾。

(十九)苦瓜氮素过剩症

【主要症状】 苦瓜叶片肥大而浓绿，中下部叶片出现卷曲，叶柄稍微下垂，叶脉间凹凸不平，植株徒长。受害严重时，叶片边缘受到随“吐水”析出的盐分危害而出现不规则的黄化斑，并造成部分叶肉组织坏死。受害特别严重的叶片及叶柄萎蔫，植株在数日内枯萎死亡。

【发生原因】 施用铵态氮肥过多，特别是遇到低温或把铵态氮肥施入到消毒的土壤中，硝化细菌或亚硝化细菌的活动受到抑制，铵在土壤中积累的时间过长，引起铵态氮过剩；易分解的有机肥施用量过大；温室种植年限长，土壤盐渍化。

【防治措施】 ①实行测土施肥，根据土壤养分含量和苦瓜需要，对氮、磷、钾和其他微量元素实行合理搭配，科学施用，尤其不可盲目地施用氮肥。在土壤有机质含量达到 2.5%以上的土壤中，应避免一次性每 667 平方米施用超过 5 000 千克的腐熟鸡粪。②在土壤养分含量较高时，提倡以施用腐熟的农家肥为主，配合施用氮素化肥。③如发现苦瓜缺钾、缺镁症状，应首先分析原因，若因氮素过剩引起缺素症，应以解决氮过剩为主，配合施用所缺乏肥料。④如发现氮素过剩，在地温高时可加大灌水缓解，喷施适量助壮素，延长光照时间，同时注意防治蚜虫、霜霉病等病虫害。

(二十)苦瓜磷过剩症

【主要症状】　苦瓜叶脉间的叶肉上出现白色小斑点，病健部分界明显，外观上与某些细菌性病害类似。

【发病原因】　由于过量施用磷肥而造成。磷素过多能增强作物的呼吸作用，消耗大量碳水化合物，叶肥厚而密集，生殖系统器官过早发育，茎叶生长受到抑制，引起植株早衰。由于水溶性磷酸盐可与土壤中锌、铁、镁等营养元素生成溶解度低的化合物，降低上述元素的有效性。因此，因磷素过多而引起的病症，除上述症状外，有时会以缺锌、缺铁、缺镁等的失绿症表现出来。

【防治方法】　防治磷过剩的方法较简单，减少磷肥施用量即可。注意科学施用磷肥，在减少磷肥施入量的同时，提高肥效。土壤如为酸性，磷呈不溶性，虽然土中有磷的存在也不能吸收，因此适度改良土壤酸度，可提高肥效。施用堆厩肥，磷不会直接与土壤接触，可减少被铁或铝所结合，对苦瓜根的健全发育及磷的吸收很有帮助。

(二十一)苦瓜锰素过剩症

【主要症状】　苦瓜先从下部叶开始，叶的网状脉变褐，然后主脉变褐，沿叶脉的两侧出现褐色斑点。先从下部叶开始，然后逐渐向上部叶发展。

【发生原因】　土壤酸化，大量的锰离子溶解在土壤溶液中，容易引起苦瓜锰中毒。在使用过量未腐熟的有机肥时，容易使锰的有效性增大，也会发生锰中毒。

【防治措施】　土壤中锰的溶解度随着 pH 值的降低而增高，所以施用石灰质肥料，可以提高土壤酸碱度，从而降低锰的溶解度；在土壤消毒过程中，由于高温、药剂作用等，使锰的溶解度加大，为防止锰过剩，消毒前要施用石灰质肥料；注意田间排水，防止土壤过湿，避免土壤溶液处于还原状态；施用有机肥时必须完全腐熟。

(二十二)苦瓜杀菌剂药害

【主要症状】 苦瓜叶片上出现明显的斑点或较大的枯斑，不同药剂所造成的药害症状差异较大。

【发生原因】 高温时用药，药液中的水分迅速蒸发，药液浓度迅速提高，容易造成药害。用药浓度过大，或喷洒药液过多。苦瓜苗期耐药性差，如所用药液浓度过高也会造成药害。

【防治方法】 ①科学用药，严格按规定的浓度用药量配药。各种农药各有其优缺点，两种以上农药混合恰当，可扬长避短，起到增效和兼治的作用，如果混合不当则降低药效，破坏药剂，产生药害。混用药品一般不超过3种。最好用河水配药，用硬水配制的乳剂或可湿性粉剂容易引起药害。若土壤长期干燥，施药后易引起药害。温室内的雾气、水滴有利于药剂溶解和渗入，易引起药害。喷药时要细致、周到，雾滴要细小，避免局部药量过多。适时用药，一般应避开花期、苗期等耐药力弱的时期喷药，同时避免在中午强光高温下用药，此时作物耐药力弱，易发生药害。②补救措施。幼苗药害较轻时，应及时中耕松土，施入适量氮肥，及时灌水，促进植株恢复生长。叶片、植株药害较重时，要及时灌水，增施磷、钾肥，中耕松土，促进根系发育，增强恢复能力，还可喷施各种叶面肥。如喷错了农药，要立即喷洒清水淋洗。

(二十三)苦瓜辛硫磷药害

【主要症状】 苦瓜叶片的小叶脉不均一地失绿、变白，进而大部分或所有叶脉变白，形成白色网状脉，严重时整个叶片布满白斑。植株生长受到抑制，顶部幼叶扩展受阻，形成小叶，且叶片边缘褪绿、白化。有时,较小的、受害较轻的叶片皱缩畸形。卷须变白、缢缩。

【发生原因】 施用辛硫磷浓度过大,两次喷药间隔时间过短。按我国农药毒性分级标准,辛硫磷属低毒性化学杀虫剂,杀虫谱广,具有触杀或胃毒杀作用,击倒力强,防治蚜虫、蓟马等效果较好;尤其用它做土壤处理,可以杀死地下部分幼虫,大量降低蛴螬的虫口密度。但苦瓜对辛硫磷很敏感,容易产生药害。

【防治方法】 提倡施用替代物甲基辛硫磷。甲基辛硫磷是辛硫磷的同系物,纯品为白色结晶体,对光、热均不稳定,不溶于水。按照我国农药毒性分级标准,甲基辛硫磷属低毒杀虫剂,与辛硫磷具有相似的作用特点和防治对象,对害虫具有胃毒和触杀作用而无内吸性能,对多种害虫有良好的防治效果。甲基辛硫磷对人、畜的毒性比辛硫磷低 4/5～5/6,因而在苦瓜上使用更加安全。甲基辛硫磷的制剂为40%乳油,防治蚜虫、蓟马等可用1 000～1 500 倍液喷雾,防治小菜蛾、甜菜夜蛾可用 800 倍液喷雾。

(二十四)苦瓜弯曲瓜

【主要症状】 苦瓜瓜弯曲,商品性差。

【发生原因】 苦瓜受精不完全,仅子房一边的卵细胞受精,导致整个果实发育不平衡而形成弯曲瓜。苦瓜生长势弱,干物质产生少,果实间相互争夺养分造成部分瓜条营养不良,形成弯曲瓜。或在生长期间环境条件发生剧烈变化,如遇连阴天突然放晴,高温强光引起水分、养分供应不足而产生弯曲瓜。苦瓜在生长过程中,瓜条受到外物的阻挡不能伸直,以至产生畸形弯曲。

【防治方法】 适期追肥灌水,适当降低种植密度,使叶片和果实光照充足,提高叶片的同化机能,可减少弯曲瓜的产生。及时去掉影响苦瓜生长发育的外部条件,保证开花授粉时期的良好环境条件,可减少弯曲瓜的发生。

(二十五)苦瓜黄叶

【主要症状】 苦瓜整个植株叶片黄化失绿,叶脉干枯,茎秆上有细小的裂纹或皴裂呈1~2厘米长的裂口。植株顶端生长缓慢,逐渐萎缩,拔出植株的根系,会发现根系生长不发达。苦瓜出现黄叶后坐瓜能力低,瓜条小,严重时植株甚至不再坐瓜,严重影响苦瓜的产量。

【发生原因】 这是一种生理障碍,是苦瓜植株的一种早衰现象。由于苦瓜根系生长差,植株营养不足,叶片黄化早衰。苦瓜发生黄叶的有以下3种原因:①品种原因。由于寿光市的苦瓜以农户自留种为主,种植多年后品种没有经过提纯复壮,易出现品种退化,对不良环境的抵抗能力和营养的吸收能力均出现下降。②土壤原因。在土壤较为黏重或酸化严重的地块,土壤的透水透气性差,易出现沤根等情况,土壤环境不利于苦瓜根系的正常生长,苦瓜的营养吸收能力下降,植株易出现叶片黄化早衰的情况。③由于苦瓜连年重茬,土壤中的有益微生物不足,病菌较多,同时土壤中的营养会出现供应不均衡的情况,也会加剧苦瓜黄叶的出现。

【防治方法】 ①灌根处理。根系生长差是苦瓜黄叶的主要原因,可用生根剂进行灌根处理,每棵灌药液250克。②叶面喷洒含有镁、铁等营养元素的叶面肥1 000倍液或天门冬氨酸2 000倍液,每隔7~10天喷1次,连喷2~3次。③嫁接防病。苦瓜实行嫁接,用南瓜作砧木,植株根系较为发达,可以改善植株的吸收能力。④土壤处理。定植苦瓜前,可采用高温闷棚、大水漫灌的方式进行土壤消毒,同时每667平方米可施生石灰75千克。注意深翻土壤,大约深翻40厘米,改善土壤团粒结构,以利于植株根系生长,可减少苦瓜黄叶的出现。

(二十六)苦瓜裂藤

【主要症状】 苦瓜生长期间在藤的中下部可见到开裂，但无病斑，严重时严重影响植株生长和开花结果。

【发生原因】 苦瓜裂藤主要是由于缺乏微量元素硼造成的。

【防治方法】 全面施肥，多施用有机肥。可用0.3%硼砂溶液进行叶面喷施，根据裂藤情况喷2～3次。

线辣椒优质高产栽培	5.50元
根菜类蔬菜制种技术	7.00元
根菜叶菜薯芋类蔬菜施肥技术	5.50元
萝卜马铃薯生姜保护地栽培	7.00元
萝卜胡萝卜无公害高效栽培	7.00元
萝卜胡萝卜病虫害及防治原色图册	14.00元
萝卜标准化生产技术	7.00元
萝卜高产栽培(第二次修订版)	5.50元
提高萝卜商品性栽培技术问答	10.00元
提高胡萝卜商品性栽培技术问答	6.00元
生姜高产栽培(第二次修订版)	9.00元
山药无公害高效栽培	13.00元
山药栽培新技术(第2版)	16.00元
怎样提高马铃薯种植效益	8.00元
马铃薯高效栽培技术	9.00元
提高马铃薯商品性栽培技术问答	11.00元
马铃薯稻田免耕稻草全程覆盖栽培技术	6.50元
马铃薯脱毒种薯生产与高产栽培	8.00元
马铃薯病虫害防治	4.50元
马铃薯淀粉生产技术	10.00元
马铃薯食品加工技术	12.00元
魔芋栽培与加工利用新技术(第2版)	11.00元
荸荠高产栽培与利用	7.00元
芦笋高产栽培	7.00元
芦笋无公害高效栽培	7.00元
芦笋速生高产栽培技术	11.00元
图说芦笋高效栽培关键技术	13.00元
笋用竹丰产培育技术	7.00元
甜竹笋丰产栽培及加工利用	6.50元
鱼腥草高产栽培与利用	8.00元
芽菜苗菜生产技术	7.50元
豆芽生产新技术(修订版)	5.00元
袋生豆芽生产新技术(修订版)	8.00元
草莓良种引种指导	10.50元
草莓标准化生产技术	11.00元
草莓优质高产新技术(第二次修订版)	10.00元
草莓无公害高效栽培	9.00元
大棚日光温室草莓栽培技术	9.00元
草莓园艺工培训教材	10.00元
草莓保护地栽培	4.50元
图说草莓棚室高效栽培关键技术	7.00元
图说南方草莓露地高效栽培关键技术	9.00元
草莓无病毒栽培技术	10.00元
有机草莓栽培技术	10.00元
草莓病虫害及防治原色图册	16.00元
引进台湾西瓜甜瓜新品	

单立柱日光
温室内景

在草帘上加
盖浮膜保温

日光温室阳光灯

棚膜面上拴一些清
尘布条，布条随风
左右摆动自动清除
棚膜上的灰尘

寿光中绿苦瓜

夏雷苦瓜

绿人苦瓜

精选槟城苦瓜

玛雅 018

月　华

用透明塑料绳吊蔓

苦瓜地膜覆盖栽培

苦瓜 12 ～ 15 片叶以下的侧蔓全部去掉

摘除苦瓜卷须

苦瓜人工授粉

黄瓜套作苦瓜（结果期）

辣椒套作苦瓜

科学坠瓜减少苦瓜弯曲瓜

苦瓜疫病

苦瓜炭疽病

苦瓜霜霉病（正面）

苦瓜白粉病

苦瓜蔓枯病（叶）

苦瓜灰霉病

苦瓜细菌性角斑病

苦瓜细菌性叶斑病

苦瓜病毒病症状

苦瓜果实表面没有疙瘩

苦瓜化瓜

苦瓜氨气危害

苦瓜亚硝酸气危害

苦瓜缺氮症

苦瓜缺钾症